手把手教你养出家居幸福花

陈昕 主编

·北京·

图书在版编目（CIP）数据

手把手教你养出家居幸福花 / 陈昕主编．—北京：西苑出版社，2013.6
ISBN 978-7-5151-0367-9

Ⅰ．①手… Ⅱ．①陈… Ⅲ．①花卉－观赏园艺 Ⅳ．① S68

中国版本图书馆 CIP 数据核字（2013）第 095135 号

手把手教你养出家居幸福花

主　　编	陈昕
责任编辑	李雪松　010-52470796　woyaozhenggao@126.com
出版发行	西苑出版社
通讯地址	北京市朝阳区和平街11区37号楼
邮政编码	100013
网　　址	www.xiyuanpublishinghouse.com
印　　刷	小森印刷（北京）有限公司
经　　销	全国新华书店
开　　本	787mm×1092mm　1/16
字　　数	94千字
印　　张	11
版　　次	2013年8月第1版
印　　次	2013年8月第1次印刷
书　　号	ISBN 978-7-5151-0367-9
定　　价	39.90元

（凡西苑出版社图书如有缺漏页、残破等质量问题，本社邮购部负责调换）

版权所有　　翻印必究

目录
CONTENTS

前言

Part 1
知花知卉，精彩生活由此开始

一 了解花卉的基本常识
认识一下花卉的类别 / 3
享受花卉带来的"恩惠" / 6
有些花卉不能放在这里 / 8

二 做足花卉种养的准备工作
为花卉营造良好的生长环境 / 11
认真选择优质的土壤 / 13
用这些工具来种养花卉 / 14
选购花卉要练就"火眼金睛" / 16

三 种养花卉并不难
为花卉浇水有讲究 / 19
为花卉施肥有技巧 / 21
上盆、翻盆让花卉长得更好 / 22
为花卉"添丁"有方法 / 24
这些病虫害影响花卉的生长 / 26

Part 2
选好位置，美丽花卉尽显魅力

一 玄关——开关门之间的惊鸿一瞥

春羽 / 31　　万年青 / 34　　一叶兰 / 37
豆瓣绿 / 32　　散尾葵 / 35　　观音莲 / 38

二　客厅——彰显雍容大气的风范

棕竹 / 41　　郁金香 / 51

凤尾竹 / 42　　杜鹃花 / 53

橡皮树 / 44　　百合花 / 54

发财树 / 45　　紫罗兰 / 56

山茶花 / 47　　一串红 / 57

凤梨花 / 48　　大丽花 / 59

仙客来 / 50

三　书房——恬静有涵养的书香之地

文竹 / 62　　君子兰 / 69

吊兰 / 63　　长春花 / 71

米兰 / 65　　茉莉花 / 72

常春藤 / 66　　马蹄莲 / 74

变叶木 / 68

四　阳台——朝气蓬勃的芬芳小花园

月季 / 77　　薰衣草 / 87

玫瑰 / 78　　金鱼草 / 89

菊花 / 80　　鸢尾花 / 90

鸡冠花 / 81　　矮牵牛 / 92

仙人掌 / 83　　紫藤花 / 93

蟹爪兰 / 84　　迎春花 / 95

天竺葵 / 86

五　卧室——弥漫舒适温馨的生活气息

绿萝 / 98　　佛甲草 / 104

水竹 / 99　　虎尾兰 / 105

雏菊 / 101　　龙舌兰 / 107

白掌 / 102　　蝴蝶兰 / 108

六 餐厅——美食配美景，美不胜收

翡翠珠 / 111　　长寿花 / 114

风信子 / 112　　波士顿蕨 / 115

七 厨房——在自然中烹饪健康美食

薄荷 / 118　　鸭跖草 / 122

芦荟 / 119　　水仙花 / 124

迷迭香 / 121

八 卫生间——享受轻松自在的私人空间

铜钱草 / 127　　翠云草 / 130

网纹草 / 128　　铁线蕨 / 131

九 走廊——别具一格的美丽花路

玉簪 / 134　　鹅掌柴 / 138

吊竹梅 / 135　　富贵竹 / 140

鹤望兰 / 137

十 办公室——让身心沐浴在活力中

鸟巢蕨 / 143　　半枝莲 / 146

冷水花 / 144　　滴水观音 / 147

Part 3
四季流光,缤纷花卉养护有道

一 温暖的春天,让花卉保持活力

开始呼吸新鲜的室外空气 / 151

保持活力需要恰当的水肥管理 / 152

及时翻盆是花繁叶茂的前提 / 153

修剪、预防病虫害不能草草了事 / 154

二 热情的夏天,跟上花卉的步伐

烈日、高温,防护工作不能少 / 156

适宜的水肥才能满足生长需求 / 157

遏制徒长之势,安全度过休眠期 / 158

做好病虫害的防护措施 / 159

三 清爽的秋天,改善花卉的状态

温度越来越低,转入室内 / 161

控制好水肥的需求量 / 162

修剪整形,让养分保留在体内 / 163

采种、播种两不误 / 164

四 寒冷的冬天,为花卉营造温暖

天寒地冻需要温暖呵护 / 166

通风换气与增湿除尘要两手抓 / 167

水肥的需求量要严格控制 / 168

前 言
preface

　　花卉是什么？它是大自然赐予人类最美的礼物。在日新月异的现代化都市中，任何事物都有被淘汰的时候，而花卉始终以其优雅、从容的姿态出现在我们的生活中。它不仅是美的"代言人"，还是健康生活的"绿色使者"，让我们获得身心的双重享受。

　　本书是我们献给所有爱花、爱生活的朋友的礼物。在这里，我们为大家精选七十余种适合家庭种植、深受大众欢迎的花卉，全书共分为三个部分，囊括花卉的基本常识、栽培方法、四季养护妙招三个方面，为大家介绍最全面、最实用的养花知识。本书从人们日常居住的环境出发，为大家详细解读如何在玄关、客厅、书房、阳台、卧室、餐厅、厨房、卫生间、走廊、办公室等不同的地方种养各具特色的花卉。

　　如果你认为本书只是一本单纯的花卉种养宝典，那就大错特错了。本书除了包含各种花卉的种养方法外，还为大家讲解花卉的强大功效，解读花卉背后的神秘寓意。全面、科学的内容，生动活泼的语言，别出心裁的设计，将会给你带来全方位的阅读享受。无论你是养花新手，还是种花达人，都会从中获得无穷的乐趣！

手把手教你养出家居幸福花

Part 1

知花知卉,
精彩生活由此开始

一 了解花卉的基本常识

认识一下花卉的类别

听到"花卉"这个名字，你的脑海最先闪现的画面是绚丽多彩的花朵，还是郁郁葱葱的草木？其实，花卉是花朵和草木的统称，"花"就是植物盛开的花朵，从植物学角度来说，就是植物的繁殖器官；"卉"则泛指百草，二者的意思加起来就是"会开花的草本植物"。不过，这是花卉的狭义解释，从广义方面来看，花卉还包括灌木、乔木、观叶植物等。那么，我们常见的花卉都有哪些种类呢？接下来，就让我们一起走进花卉的国度，认识一下它们吧！

从花卉的形态特征来分		
	草本花卉	这类花卉是草质茎，所以茎很软，支持力比较差。由于生长发育周期不同，它还分为一年生、二年生、多年生草本花卉。我们常见的有一串红、菊花、水仙、大丽花、郁金香等。
	木本花卉	这类花卉是木质茎，茎能够不断加粗，支持力很好。从树干高低、树冠大小方面细分，它还分为乔木、灌木、藤本花卉。我们常见的有月季花、紫藤花、茉莉花、山茶花、迎春花等。
	肉质、多浆类花卉	这类花卉的茎肥厚多汁，里面贮藏着丰富的水分，耐旱能力比较强。我们常见的有仙人掌、蟹爪兰等。

从花卉对生长环境的要求来分		
	观花花卉	这类花卉最吸引人的部分就是花朵，它们色彩缤纷、花型多样，是重要的观赏花卉之一。我们常见的有玫瑰、杜鹃花、鸢尾花、仙客来、鸡冠花等。
	观叶花卉	这类花卉的主要观赏部位是叶子，它们的叶子通常四季常青，有的带有美丽的斑点、纹路，有的叶形奇特。我们常见的有万年青、文竹、豆瓣绿、春羽、滴水观音等。
	观茎花卉	这类花卉的茎秆独具特色，让人百看不厌，虽然数量比较少，但是观赏价值很高。我们常见的有棕竹、凤尾竹、水竹、富贵竹等。

	观果花卉	这类花卉的果实是主要的观赏部位，它们具有果实颜色多彩、挂果时间长等特点，深受人们喜爱。我们常见的有金橘、石榴、观赏辣椒、无花果等。
从花卉对日照时间的需求来分	长日照花卉	这类花卉在生长过程中需要接受长时间的日照，每天适宜的光照时间在12小时以上。我们常见的有茉莉花、米兰、薰衣草等。
	短日照花卉	这类花卉喜欢阳光，但是日照时间要控制在12小时以下。我们常见的有菊花、一串红、蟹爪兰等。
	中日照花卉	这类花卉既可以接受长日照，又适合短日照，只要生长温度适宜就能够正常生长。我们常见的有月季、天竺葵、马蹄莲等。
从花卉对水分的需求来分	旱生花卉	这类花卉非常耐旱，它们大多原产于干旱的沙漠、半荒漠地区，具有发达的根系。如果浇水过多，反而会影响正常生长。我们常见的仙人掌、虎尾兰、龙舌兰等。
	中生花卉	这类花卉在生长期需要充足的水分，无论是土壤过干或者过湿，都会影响其正常生长，许多花卉都属于这一类型。我们常见的有米兰、杜鹃花、月季、蝴蝶兰、鸢尾花等。
	湿生花卉	这类花卉喜欢生活在水分充足的环境中，它们大多原产于沼泽、热带雨林等湿润地区。我们常见的有水仙、鸭跖草、鸟巢蕨、水竹等。
	水生花卉	这类花卉从小生长在水中，无法适应干旱的陆地。我们常见的有荷花、睡莲等。

从花卉的经济用途来分	观赏用花卉	这类花卉具有吸引人的外表，可以用来装饰花坛、居室或者用作切花，具有很高的观赏价值。我们常见的有一串红、大丽花、仙客来、迎春花、月季等。
	香料用花卉	这类花卉芳香宜人，常被用来制作香料，用于化妆品生产。我们常见的有玫瑰、薰衣草、茉莉、迷迭香等。
	药用花卉	这类花卉具有良好的药用价值，在我国中草药宝库占一席之地。我们常见的有菊花、杜鹃花、佛甲草等。
	食用花卉	这类花卉具有一定的食用价值，可以烹制美食。我们常见的有百合、仙人掌、芦荟、鸡冠花等。
	环保花卉	这类花卉能够吸收有害气体，具有极高的净化空气的功效。我们常见的有绿萝、半枝莲、文竹、吊兰等。

享受花卉带来的"恩惠"

我们为什么要种花?因为它好看,因为它花香宜人,因为它能美化环境……相信每一位爱花的朋友都有自己的种花理由。其实无论这些林林总总的理由多么与众不同,我们都可以归结为一个——花卉具有大功效。想深入了解花卉有哪些作用吗?现在,我们一起来享受花卉带来的"恩惠"吧!

花卉的"恩惠"之美丽的**观赏功效**

随着生活水平的提高,人们对"美"的追求也越来越高,花卉作为美丽的"代言人",自然受到人们青睐。比如,春羽、万年青等四季常青的花卉可以为居室增添活力,带给我们四季如春的享受;山茶花、杜鹃花等花团锦簇的花卉可以为居室增添色彩,营造出小花园一样的氛围;文竹、君子兰等雅致的花卉可以提升居室品位,为我们创造清新自然的生活环境等。在钢筋水泥铸造的现代化都市中,花卉拉近了我们与大自然的距离,让我们足不出户也能享受田园之乐。

花卉的"恩惠"之健康的**养生功效**

人们常说,种花养花可以陶冶情操、愉悦心境,你知道吗、这与花卉的色彩和花香有着密不可分的关系。

不知大家有没有这样的体验:看到暖色调的花朵,如红色、粉色等,会感觉内心兴奋、暖洋洋的;看到冷色调的花朵,如蓝色、紫色等,则感觉内心很平静,有时还会产生忧伤的情绪。这就是花朵陶冶情操的奥秘,如果我们感觉忧伤,不妨看一看暖色的花卉,如一串红、月季等,它们可以驱散心中的阴霾;当我们感觉浮躁,则可以看一看冷色的花卉,如鸢尾花、紫藤花等,它们能抚平焦躁的情绪。掌握了这一奥秘,我们就能通过花卉来调节自己的精神状态了。

如果说花色是精神的调节剂,那么花香就是身体的健康品。沁人心脾的花香不仅能够驱逐异味,改善室内空气,还能够有效调节神经,起到减压、镇静等作用。除此之外,有些花香还有驱蚊虫的功效,如米兰、薰衣草等,让我们的生活环境更健康。

当然，花卉的养生功效不止这些，在前面我们还提到有些花卉具有食用、药用价值，只要使用方法得当，就能给我们创造更多的健康。可以说，花卉就是天然的养生佳品。

花卉的"恩惠"之监测并净化空气的功效

你是不是正被家居空气污染的问题所困扰？那么请花卉来帮忙吧，它们可是天然的空气"监测器"和"净化器"呢！很多花卉对空气中的有害气体很敏感，能够及时向我们发出危险警报。比如，空气中的二氧化硫含量超标，矮牵牛的叶子就会枯萎；如果氟、氟化氢含量超标，郁金香的叶子就会长出环状或带状的痕迹；如果二氧化氮含量超标，天竺葵的叶脉间以及接近叶缘的地方就会出现白色或褐色的不规则斑点；如果甲醛含量超标，芦荟就会长出褐色的斑点，等等。花卉不仅能监测出这些危险，还会将它们一举消灭，为我们营造健康的家居环境。所以，如果你的房子刚装修好，或者你和家人正受到有害气体的侵扰，就摆放一些花卉吧！

花卉的"恩惠"之改善室内环境的功效

每当秋冬季节来临，人们就会为了保温而减少开窗通风的机会，这就使得室内环境变得越来越干燥，要是家里有人抽烟，那么生活环境就会变得更糟糕，从而引起上火、皮肤干燥等各种健康问题。这时我们不妨在屋里摆放一些花卉，如豆瓣绿、常春藤、水竹等，它们能够吸附烟尘、释放大量新鲜氧气，有效调节室内湿度，让我们摆脱二手烟、干燥等困扰。

花卉的"恩惠"之抗辐射的功效

电视、电脑、冰箱等现代化家电虽然方便了我们的生活，但是也带来了不少危害，其中最大的一个危害就是辐射，它会对我们的健康产生严重威胁。那么，我们如何才能摆脱或降低辐射的危害呢？花卉就是一个不错的选择。比如，仙人掌能够吸收家电释放的辐射污染，波士顿蕨可以清除打印机、电脑显示器产生的二甲苯、甲苯辐射，等等。用花卉来抗辐射，既美观又有效，何乐而不为呢？

怎么样，花卉带给我们的"恩惠"是不是很多？其实除了这些，它还有许多其他功效呢！就让我们从生活中的点点滴滴中继续发掘吧！

有些花卉不能放在这里

花卉美观、有益身心健康，但是如果摆放的场合不恰当，就会产生相反的作用。那么，我们在摆放花卉的时候需要注意哪些问题呢？

问题一：香气浓郁花卉能摆放在卧室吗？

芬芳的花香能够改善空气质量，可是把香气浓郁的花儿摆放在卧室就要出问题了。因为卧室的空间有限，空气流通稍显不畅，浓郁的花香充斥在卧室中，会使我们的神经中枢处于兴奋状态，这样很容易导致失眠。此外，长期闻浓浓的花香，还会引起头晕，对我们的健康无益。因此，大家在卧室中摆放花卉的时候，最好不要选择花香浓郁的花卉，如月季、百合等。

问题二：老人和孩子的卧室不能放什么花卉？

在家里摆放花卉，我们还要因人而异。如果家里有老人，我们就不要用松柏类的花卉来装饰老人的房间。因为松柏类的花卉带有浓郁的松油气味，老人长久闻这种气味很容易出现失眠、头晕恶心、食欲不振等现象，严重的话还会加重哮喘病、慢性支气管炎等呼吸疾病。虽然松柏象征长寿，但是摆放在老人的房间就会弄巧成拙了，大家一定要多加注意。

有的父母朋友会在孩子的房间摆放可爱的含羞草，殊不知，这恰恰给孩子埋下了健康隐患。含羞草含有一种有毒物质"含羞草碱"，如果孩子在触弄含羞草时不小心粘上了含羞草的汁液，很容易误食而导致中毒。因此，我们最好不要在孩子的房间摆放有毒的花卉，如含羞草、水仙、滴水观音等，同时也要让孩子远离这些花卉，不要随便摆弄玩耍。

问题三：准妈妈的房间能摆放好闻的花卉吗？

花香可以调节神经，但是对敏感的准妈妈来说实在不适合。浓郁的花香会刺激准妈妈的神经，导致头痛、恶心等不良反应，严重的话还会影响胎儿健康，造成流产呢！而且花粉对准妈妈来说也是一大危害，要是不小心粘在皮肤上或吸进呼吸道，很容易出现过敏现象。因此，千万不要将紫罗兰、百合等香味浓烈的花卉摆放在准妈妈的房间。

问题四：什么样的花卉不适合用来看望病人？

为生病的人送去一束美丽、好闻的鲜花，用以表达我们的关切之情，本意是好的，结果却适得其反，这是为什么？原因就在于鲜花的香气。病人的身体抵抗力比较弱，浓郁的花香很容易引起头痛、呼吸不畅等现象，加重病人的病情。此外，花盆中暗藏的细菌对病人来说也是一大危害，不仅会加重病人原有的疾病，还容易引起新的病害。因此，我们在看望病人的时候，最好不选择香气浓郁的花卉以及盆花，如郁金香、水仙等。

任何事物都有两面性，花卉也不例外。想要体验花卉带来的好处，我们就要学会"因地制宜"，将它摆放在恰当的场合中。场合不适宜，再美好的花卉也会成为危害；场合恰到好处，即使是不起眼的小草也能发挥大功效！

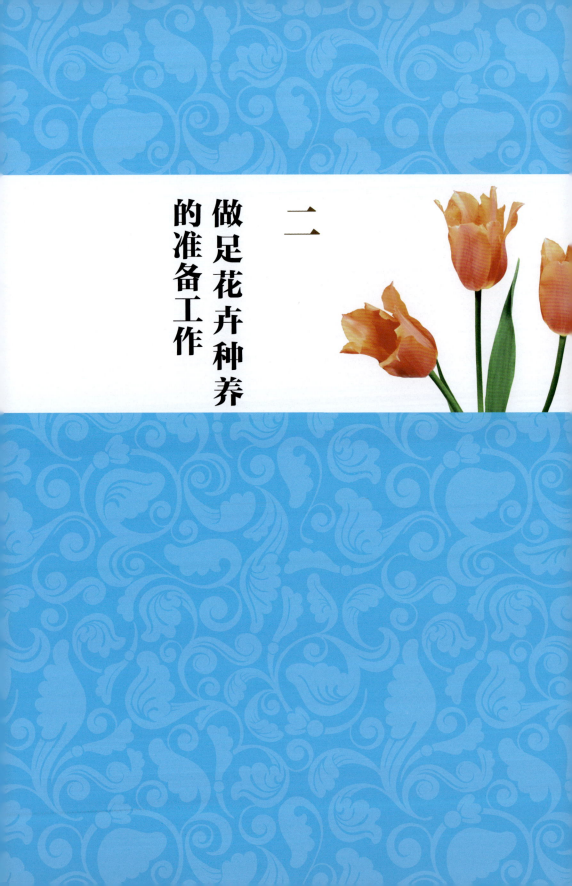

二 做足花卉种养的准备工作

为花卉营造良好的生长环境

许多朋友不明白：为什么同样的花卉，别人就可以养得很好，自己却绞尽脑汁也养不好？原因很简单，花卉的生长环境不适宜。那么，我们如何才能为花卉营造良好的生长环境呢？这就要从以下四个方面来入手。

光照——花卉生长的物质来源

阳光之于花卉，就如空气之于人类，因为有光照花卉才能进行光合作用。不过由于花卉的类型不同，我们必须分别对待，为它们营造适宜生长的光照环境。

对于阴性花卉来说，我们要将它们放在荫蔽的地方，让它们吸收散射光，千万不要放在阳光下直射，那样会引起枝叶枯萎的；阳性花卉则与之相反，需要放在光照充足的地方，如果长期待在荫蔽的环境中，会出现徒长、黄叶等不良现象，还容易发生病虫害呢；中性花卉虽然在半阴的环境中可以正常生长，不过冬季时要搬到阳光下接受充足的光照，夏季则要做好遮阳措施。

在室内种花不同于室外，光照会受到房间朝向的限制。这时我们就要掌握各个方位的光照情况。一般来说，朝南的房间阳光充足，可以摆放长日照花卉；朝北的房间光照较差，以散射光为主，适宜摆放阴性花卉；朝东的房间在上午会有充足的光照，大约3~4个小时；朝西的房间则在下午接受阳光照射，时间大约也在3~4个小时。这两种地方适宜摆放短日照和中性日照的花卉。

除此之外，住宅中的内部房间如餐厅、卫生间，以及玄关、走廊等其他场所的光照也会有所不同。通常情况下，距离窗户较近的地方，散射光比较充足，反之光线越弱。我们可以根据这一点来摆放适宜的花卉。

另外，我们还可以通过花盆的摆放位置来调节光照。比如，将高大喜光的花卉摆放在阳光充足的地方，将半阴的花卉摆放在它们下面，将喜阴的花卉摆放在它们后面。

温度——花卉生长的重要环境因素

温度对花卉的影响主要体现在生理活动方面，比如种子发芽、生长、开花、结果等,每一个阶段都有适宜的温度,如果温度不达标,那么花卉就无法正常生长。下面,就让我们一起来了解一下花卉对温度的要求。

耐寒的花卉	这样的花卉通常可以忍受零下20℃左右的低温,比如迎春花、玫瑰花等。
比较耐寒的花卉	这样的花卉通常可以忍受零下5℃左右的低温,比如菊花、郁金香等。
不耐寒的花卉	这样的花卉通常被人们称为"温室花卉",比如文竹、万年青等。

在季节变迁的时候,我们要根据不同的花卉采取相应的措施,在寒冷的季节保暖、在炎热的季节降温,这样花卉才能正常生长。

水分——花卉的生命之源

水是一切生物的生命之源,花卉的生长自然离不开水。水不仅是花卉进行光合作用时必需的原料,还是溶解土壤中营养物质的载体。一般来说,在种子发芽之前,我们要时刻保持土壤湿润;在花卉生长旺盛的时期,要根据花卉的需要适当浇水;而在花芽分化前期,则要适当控制水分,以便促进花芽形成和发育;进入休眠期时,也要相应减少水量。

在蒸发旺盛的夏季,我们还可以通过喷洒叶片的方式来增加空气湿度。不过这种方法并不适合所有花卉,一般喜阴湿的花卉比较适合,而比较耐旱的花卉就不宜采用了,我们要根据具体情况来采取适宜的浇水方法。

养分——花卉的营养来源

花卉长势好坏与养分有着密不可分的关系,在花卉生长过程中,氮、磷、钾三种元素是最为主要的,氮元素可以促进叶片、花芽生长发育;磷元素能够使花朵开得更茂盛、球根长得更大;钾元素能促进根系生长,使茎叶变得粗壮。除了这三种主要元素,花卉还吸收钙、铁等必需元素和锰、铜等微量元素。我们可以根据花卉生长需要,选择适宜的花肥。

光照、温度、水分、养分,当我们为花卉创造出良好的生长环境,它们就能健康、茁壮地成长了!

认真选择优质的土壤

土壤是花卉生长的"摇篮"（无土栽培除外），它为花卉提供扎根的基础、水分、养料等，对花卉的一生起着至关重要的作用。那么，花卉喜欢什么样的土壤呢？一般说来，大部分花卉都喜欢疏松、肥沃、排水性好、保水力强的土壤，但这并不代表全部，因此我们在种植花卉之前要先对土壤的类型做一个大致的了解。

根据土壤的沙黏程度，我们可以将土壤分为下面三种类型：

沙质土壤	这类土壤比较疏松，透气性、排水性都很好，不过养分较少，而且不容易保水、保肥。
黏质土壤	这类土壤黏性比较大，透气性、排水性不佳，不过能保水、保肥。
壤土	这类土壤将沙质土壤和黏质土壤的优点集于一身，就是大部分花卉最为喜爱的土壤类型。

另外，我们也可以根据土壤的来源，将它分为以下几种类型：

园土	这类土壤容易获得，我们可以从菜园、果园、花园等地方挖取。它的养分有限，酸碱度适中。
腐叶土	这类土壤是经过落叶腐败形成的，疏松、肥沃、排水性好、保水保肥，偏酸性。
泥炭土	这类土壤主要来自于湿冷地区，具有肥沃、排水性好、保水保肥等优点，酸性比较强。
黄沙	这类土壤主要从河流中获得，养分较少，主要用于改善土壤的通透性。

由于每种土壤的优缺点不同，我们通常会将它们搭配起来使用，这样能充分发挥土壤的功效。比如用黄沙来改善黏质土壤的黏性，用腐叶土增加园土的养分等。除此之外，我们还可以选择一些基质来改善土壤。常见的基质有陶土粒、珍珠岩、蛭石、草木灰等，它们能够提高土壤的透气性、调节土壤酸碱度等。

在花盆中栽培花卉，土壤是关键的生长条件，掌握各种土壤的特性，我们就能根据花卉的需要选择优质的土壤，为花卉创造出适宜的生长环境了。

用这些工具来种养花卉

古语有云:"工欲善其事,必先利其器。"要想在家里种出漂亮的花卉,我们就要将种花的工具预备齐全。那么,种养花卉都需要哪些工具呢?下面,我们就为大家一一介绍。

花盆

栽种花卉,花盆自然是不可缺少的工具。市面上的花盆种类很多,不同的花盆具有不同的优缺点。

花盆种类	优点	缺点
素烧盆	透气性、排水性好	不结实,不美观,较重
紫砂盆	外型美观	透气性差
瓷盆	外型美观	透气性、排水性差
塑料盆	轻便,耐用	透气性、排水性差
木盆	结实,透气性、排水性好	底部容易腐烂,较重
玻璃盆	外型美观	透气性、排水性差,易碎

一般来说,素烧盆、木盆、紫砂盆、瓷盆等体积比较大的花盆可以用来种植株型比较大的花卉,塑料盆可以用来种植株型较小的花卉,而玻璃盆更适合用来水培花卉。常言道"人靠衣裳,佛靠金装",给花卉选择适宜的花盆既有利于生长,还能提高花卉的观赏性!

经常用到的工具

种养花卉离不开小工具的帮忙,准备好这些工具可以减少很多麻烦,起到事半功倍的作用!

小铲子	主要用来铲土、挖坑、移苗，也可以松土、除草
小耙子	主要用来松土
洒水壶、小喷壶	大的洒水壶主要用来向土壤中浇水；小喷壶多用来喷洒叶片、喷药或喷液肥
剪刀、小刀	主要用来修剪枝叶，还可以用于分株、扦插等
筛子	主要用来调配土壤，并将土壤中的杂质筛掉
镊子	主要用来捉虫子，还可以用来移苗
竹夹子	主要用来移栽带刺的花卉
手套	可以在种养花卉的全过程使用，防止双手弄脏或粘上有毒的汁液、肥料、药水等
水桶	主要用来盛放清水，也可以用来泡制液肥
干燥的盒子、瓶子	主要用来盛放晒干的种子

简单的养护设备

为了给花卉营造更好的生长环境，我们还需要准备一些简单的养护设备。

塑料薄膜	可以盖在花盆上保温保湿，促进种子发芽
小塑料棚	冬季时放在阳台上可以为花卉保温
竹帘、布帘	主要用来遮挡强烈的阳光，为花卉降温
花架	既可以遮挡风寒、烈日，还可以为藤蔓花卉创造良好的生长环境

我们要在种养花卉之前将这些工具准备好，千万不要为了省事而偷懒哦！否则真正到了需要的时候会手忙脚乱，还会影响花卉正常生长呢！

选购花卉要练就"火眼金睛"

要种出好花卉，我们就要保证花卉的"底子"足够好，这就需要我们在选购花种、花苗时睁大眼睛。

选购花种

第一，看包装袋是不是密封良好、信息是否齐全。如果包装粗陋、不严密，说明种子质量有问题，我们最好不要购买。另外，包装袋上通常会有种子的相关信息，一般来说，字迹清晰的产品质量有保证，相反则质量有疑问，我们就要谨慎购买。

第二，仔细查看种子的生产日期和保质期。种子越新鲜，发芽率越高，如果发现种子即将过期或者已经过期，我们一定不要购买，这样的种子很难成活。

第三，选择信誉好的商家、产品。我们购买种子的途径通常有花市、花店、网店等，在选购前我们可以咨询一下朋友或其他顾客，选择口碑好的店家，他们的产品通常更优质；我们还可以了解产品的相关信息，选择信誉度较高的产品。

选购花苗

第一，选择花龄小、长势好、无病虫害的幼苗。在购买花苗时，我们要仔细询问卖主花苗的年龄，最好选择1~2年生的花苗，这样的花苗更容易成活。此外，我们还要仔细观察花苗，长势越旺盛说明生命力越强，这样的花苗是我们的首选；如果花苗的枝叶上长有虫卵、病斑，我们最好不买，这样的花苗不易成活。

第二，选择外形美观、自然的花苗。好的花苗叶色自然而富有光泽，叶片完整、大小均匀、薄厚适中，整体株型挺拔、美观。如果叶片非常大，而且有发黄的迹象，摸起来又软又薄，则很有可能是人工催成的，这样的花苗抵抗力弱、适应性差，容易死亡，我们最好不买；如果发现花盆中长有青苔，盆底的排水孔冒出根须，叶片萎靡不振，说明是管理不善的花苗，质量较差；如果花盆中的土壤非常新鲜，则是刚刚栽入盆中的，这样的花苗抵抗力差，成活率不高，也不适宜购买。

第三，选择适宜的季节购买花苗。如果要选购木本花苗，我们最好在它休眠期时购买，一般来说秋天落叶之后到春季发芽之前是木本花苗的休眠期，这一时期的花苗成活率比较高；如果要选购宿根草本花卉，我们就要赶在秋季分栽前买；如果要选购娇贵的花苗，我们就要避开烈日炎炎的酷暑，在温度适宜的春季或秋季购买。

此外，由于花苗的分辨率比较低，有些商家还会用"假冒品"来冒充一些名贵花卉，从中牟取暴利。我们在选购时要提高警惕，以免上当受骗。

无论是选购花种还是花苗，只要我们仔细观察、多方面考虑，就能够选到优质的花卉。大家千万不要小瞧这些技巧哦，掌握它们，你就能拥有一双"火眼金睛"，为种养花卉打下坚实的基础。

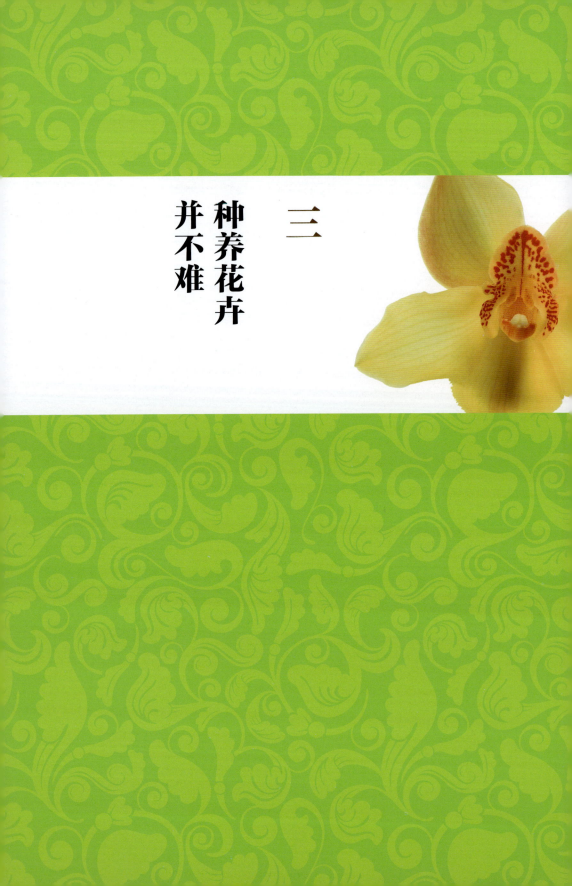

三 种养花卉并不难

为花卉浇水有讲究

浇水是种养花卉必不可少的步骤，浇什么样的水、什么时候浇水、如何浇水……都是有讲究的。下面，我们就为大家详细讲解其中的奥秘。

注意花卉的"水质量"

我们都知道，喝生水容易生病。不仅人如此，花卉也不例外，直接用自来水浇灌会让它感觉不舒服。因为自来水中的氯气会对花卉产生危害，我们在浇花前应该将水放入敞口的小水桶中静置三天左右，当氯气自然消散后再使用。静置时间最好不要超过五天，以免滋生细菌而引起病虫害。

有人习惯用雪水浇花，这种方法不错，因为雪水中含有花卉生长需要的氧气与矿物质，对花卉成长有好处。不过需要注意的是，不要直接将融化的雪水倒入花盆，而是要当它的温度与室温差不多时再浇，这样不容易冻伤花卉。

此外，我们也可以自己制作一些"特别"的水来浇花。比如米醋水，制作方法很简单，用水把米醋稀释1000倍即可，这样的水适合用来浇灌土壤呈碱性、本身却喜酸的花卉；再比如铜丝水，将铜丝缠在磁铁上，用清水浸泡24小时，这样的水能够增加土壤中的有益菌，有利于提高花卉的生理功能。

日常生活中，有的人还习惯用剩茶水来浇花，其实这种做法并不好。因为茶水不仅会损伤花卉的根，还会滋生细菌，引发病虫害，对花卉的成长没有好处。

摸清花卉什么时候需要浇水

花卉不说话，我们如何才能知道它什么时候口渴呢？不要担心，掌握下面这些技巧，你就能摸透花卉的小心思了。

首先是"听"。我们可以用手指敲一敲花盆的上部，如果花盆发出低沉的闷声，说明土壤比较湿润，不需要浇水；如果声音清脆、响亮，说明土壤变干了，要马上浇足水分。

其次是"看"。对于小型的草本花卉来说，如果表层的土壤出现潮黄，说明花卉缺水，要及时补充水分；而对于大型的木本花卉来说，如果表层的土壤以及下面

1厘米处的土壤颜色呈浅灰色，说明土壤中的水分不足，要立刻浇水。

再次是"按和捏"。我们可以用手指按压盆土，如果手感较软，说明土壤含有充足的水分，反之，说明土壤水分不足，需要及时浇水。此外，我们还可以用手捏一捏土壤，如果土壤变成粉末状，说明花卉缺水；如果土壤变成片状或团粒状，说明花卉不缺水。

掌握浇水的方法

浇水看似是一件容易的事，其实真正做起来就不那么简单了。我们需要掌握浇水的时间、次数、水量以及方式。

浇水时间	早晨和傍晚是浇花的最佳时机，而炎热的中午则不适合浇水。
浇水次数	如果天气比较干燥、温度很高，我们要根据花卉需要，早、晚各浇一次水；如果气温比较低，则要减少浇水次数，可以隔几天浇一次水。
浇水量	花卉在生长旺期需水量比较大，我们要多浇水；在孕育花芽期、开花期、坐果期等特殊时期，则要少浇水；晴天、高温要多浇水，阴雨天、低温则要少浇水。此外，我们还要根据花卉的性质来浇水，喜湿的花卉多浇水，而耐旱的花卉要少浇水。
浇水方式	如果花卉的叶片长有绒毛或者正在发芽、开花，浇水时要贴近土壤表面，避免将水洒在植株上，以防引发病虫害；如果花卉的叶片光滑，我们可以适当喷洒叶片，这样有助于补充水分。

除此之外，我们在浇水时还要掌握一定的原则。一旦发现土壤变干，我们就要及时浇水，并将土壤一次性浇透。不要等到土壤极度缺水时再浇，也不要大水漫灌，让花盆积水，这些做法都会影响花卉正常生长。

为花卉做好补水措施

每当外出旅游、出差时，为花卉浇水就成了一个大问题。家里长期没人，花卉如何生存？其实我们只要稍作一些准备，就能解决这一难题。

如果外出时间不太长，我们可以在花盆的托盘或脸盆中铺一层细沙，然后倒入适量清水，高度以刚刚没过花盆底部为宜，这样就能为花卉补充水分了；如果外出时间比较长，我们可以将花盆放入装有清水的脸盆中，水的高度稍稍低于花盆中土壤的高度，这样就不用担心花卉因为缺水而枯萎了。不过这种方法适用于透气性好的花盆，如木盆、素烧盆等。

为花卉施肥有技巧

肥料之于花卉，就像食物之于人类，不过又与我们有所不同。我们可以饿了就吃，花卉却不能随意施肥。如果营养过剩，花卉很容易生病、枯萎，而营养不足，又会出现发育不良的问题。因此，我们在施肥的时候必须讲究技巧，这样才能让花卉健康成长。

施肥要遵循特定的**生长阶段**

首先，在播种前要施足基肥。基肥也就是我们常说的底肥，它能提高土壤的肥力，在花卉整个生长期内提供一定的养分。我们可以用腐叶土、泥炭土等做基肥，与园土混合在一起使用。

其次，在不同的阶段施特定的肥料。比如在幼苗发芽前施一些氮肥，在花蕾孕育期间施一些磷肥，在结果时施一些磷钾肥等，这样可以满足花卉的生长需求，使它长得更旺盛。

再次，在花卉生长旺季施足肥料。一般来说，春、夏、秋三季是花卉生长的旺季，我们要经常给它施肥，为它提供充足的养分。需要注意的是，夏季炎热高温，我们要按照"少量多次"的原则施一些薄肥，这样可以避免病虫害的发生。

此外，在花卉休眠期要停止施肥。通常情况下，当花卉进入冬季时也就迎来了休眠期，这一阶段花卉生长缓慢，不需要过多的养分，我们要停止施肥，以免营养过剩对花卉造成伤害。

施肥时要适可而止

我们常说"物极必反",施肥同样如此。为了避免营养过剩,我们教大家一个方法"七分水、三分肥",也就是说在施肥前先用水将肥料稀释一下,如果是复合肥,浓度保持在0.1%~0.3%之间即可,如果是过磷酸钙,浓度保持在2%~3%之间即可。

此外,不同类型的花卉对肥料的需求量也有所不同,就拿球茎、肉质茎、阴性观叶类花卉来说吧,它们的需肥量比较小,我们要少施肥;须根类花卉的需肥量稍多一些,我们可以适当增加施肥次数;观花类、观果类的花卉需肥量很大,我们要多施肥。

施肥要"选熟忌生"

所谓"选熟忌生"就是施熟肥、不施生肥。生肥是指没有经过发酵、腐熟的肥料,比如变质的鸡蛋、肉类、牛奶等,这样的肥料遇到水后会发酵,容易引起病虫害,影响花卉正常生长。因此,我们不要直接为花卉施生肥,而要将它充分发酵、腐熟后再使用。此外,在施肥的时候,我们要将肥料磨碎,避开花卉的根,以免影响根部吸收。

施肥要选对时间

在炎热的夏季为花卉施肥时,我们最好选择凉爽的傍晚,这样可以避免肥料受热而对花卉产生不良影响。除了在花盆内施肥,我们还可以为叶片喷洒液肥,这时最好选择清晨或傍晚,这样能促进叶片对养分的吸收。

上盆、翻盆 让花卉长得更好

当种子长成小花苗或者扦插的枝条生根,我们就要将它移栽到大小适中的花盆中,这样花苗就能更加自在地生长了。这个移栽的过程,就是我们要为大家介绍的"上盆"。上盆操作起来并不难,不过有些方面要多加注意。

选择适宜的**时机**

春季是上盆的最佳时机，这时温度适宜，正是种子发芽、花苗长叶的时候，而且花苗的根正处于良好的生长状态，栽种后容易成活。炎热的夏季和寒冷的冬季则不适合上盆，因为高温或低温都会影响花苗的根系，不利于花苗成活。

挑选合适的**花盆**

上盆的目的就是为了让花苗能够拥有一个良好的生长空间，因此我们在挑选花盆时要从花苗的实际情况出发，根据花苗的生长速度与实际大小来选择大小合适的花盆。如果是新花盆，我们要先用水将它浸透，之后再使用；如果是旧花盆，则要将它清洗干净，并放在阳光下暴晒3~5天，然后使用。

掌握上盆的**步骤**

上盆之前，我们要在花盆底部做一个排水层，方法很简单，先用碎瓦片将花盆底部的出水孔盖上，然后在上面铺一层2厘米厚的粗沙、碎石等物就可以了。上盆时，我们要用一只手将花苗扶正，另一只手慢慢将培养土填入盆中。如果花苗的根部没有带着土壤，我们要使它的根须伸展开来；如果花苗的根被土壤包裹着，则最好不要将土壤打散。花盆中的土壤要填得均匀、墩实，填好后洒上水，让土壤保持湿润，然后将花苗放在阴凉、避风的地方，在此期间，我们要时刻保持土壤湿润。大约一周之后，我们就可以将花苗搬到阳光充足的地方，进行正常养护了。

当花苗长大、根系逐渐布满花盆，原有的土壤失去肥力，花卉的老根太多，或者需要分株繁殖时，我们就需要为花卉"翻盆"了，或者叫"换盆"。翻盆的最佳时机也是春季，我们在操作的时候可以从以下几个方面入手。

将花卉**从花盆中取出**

如果花卉比较小，我们可以用一只手将花枝的下部夹在指缝间，然后把花盆头朝下倒置，用另一只手使劲拍打花盆的底部和四周，让花卉带着盆土脱离原有的花盆；如果花卉比较大，我们可以用双手抱着花盆，让它向前倾斜，然后将盆地在地上撞击几次，当花卉带着盆土从花盆中脱离即可；如果花卉很大，我们可以用绳子将花卉的枝干捆好，用手扶住，将它带盆横放在地上，然后用脚轻轻踢打盆壁，让花卉脱离花盆。

把旧土和老根去掉

为了让花卉长得更好，我们最好用竹签或者小铲子将花卉根部的部分旧土去掉，然后把多余的老根、腐烂根剪掉，之后再将花卉栽入新盆中。

将花卉栽入新盆中

把花卉栽入新盆中的方法与上盆的步骤一样，需要注意的是，我们要在花盆中施一些基肥，以便满足花卉的生长需求。花卉翻盆之后同样要先放在阴凉、避风的地方种养一周左右，然后再将它移到阳光充足的地方进行正常养护。此外，我们还可以在翻盆时将花卉的老枝、枯枝、病枝、徒长枝等去掉，这样有利于促进新枝生长。

为花卉"添丁"有方法

漂亮的花卉长大了，孤零零一盆多单调，不妨让我们为它增添一些"家庭成员"吧！那么，我们要采取什么办法为花卉"添丁"呢？不妨试试以下几种方法吧！

播种

要播种当然不能少了种子，这就需要我们在花卉成熟时收集好种子，并将它贮存在干燥、阴凉的地方，等到播种时再取出来。

播种前，我们要在花盆中填好培养土。有时候为了提高发芽率，我们也可以将种子放在温水中浸泡催芽。

播种时，可以根据种子的大小来选择适宜的播种方式，比如种子较大采用点播，种子较小采用撒播。如果想种不同品种的花卉，我们可以采用条播。

播种之后，我们要给种子浇足水分，并将它放在温暖、通风、阳光充足的地方。在种子发芽之前，要时刻保持良好的温度和湿度，当种子发芽后，我们要适当间苗，留下长势最好的花苗。

分株

当花卉生长一段时间后，常常会从母株上长出新的分枝，并带有发达的根系，这时我们就可以采用分株的方法，将它培育成新的花卉了。

一般来说，春秋两季是分株繁殖的最佳时机。分株时，我们要先将母株从花盆中取出来，将旧土去掉，然后小心翼翼地将分枝从母株上割下来，注意不要伤到母株的根。如果花卉的株型比较大，我们不用将母株全部挖出来，只要将侧面的分枝割下来移栽就行。

分株之后，我们要给花卉浇足水分，并将它放在阴凉、避风的地方养护3～5天，然后再将它放在适宜的环境中正常养护。

扦插

扦插是一种十分方便的栽培方法。扦插之前，我们要选择长势比较旺盛的花卉，从它的中上部位置选取一段枝条，枝条最少要保留3个芽节，将下部的叶子去掉，只留下顶端的。

扦插时，我们可以将枝条插入湿润的沙床、泥炭土、蛭石等基质中，也可以将它插入清水中。

在枝条生根之前，我们要将它放在温暖、湿润、阴凉的地方，当根的长度长到2～3厘米左右时，我们就可以将它移栽到花盆中了。

压条

有的花卉用扦插法不容易生根，这时我们就可以采用压条法。压条的最佳时机在春夏两季，它通常又可以分为普通压条、堆土压条和高空压条三种方式。

普通压条法适合枝条柔软的花卉，在压条时，我们要从母株上选择一段健壮的枝条，将它弯成弧形，然后用小刀在弯曲的地方刻一道伤，再将刻伤的部位埋入湿润的土中，土层不要太厚，大约3厘米即可，同时将两边的枝条固定好。等枝条长出根后，用剪刀剪下来栽入花盆就可以了。

有些花卉的枝条比较硬，这时就可以采用堆土压条的方法。我们需要将枝条的下部刻伤，然后在母株周围堆土，让刻伤的枝条没入土壤中，并保持土壤湿润，等根长出来后，将枝条从母株上分离下来，栽入花盆即可。

高空压条法有一定的难度，我们要在花卉的树冠上选择一段粗壮的枝条，然后将它的某个部位刻伤，用塑料袋装上湿润的土壤，将刻伤的枝条包裹起来。当枝条长出根后，从母株上分离下来栽入花盆即可。

嫁接

嫁接也是花卉繁殖后代的方法之一，而且培育出的花卉品种更加优良。我们常用的嫁接方法有枝接法、靠接法和平接法。

枝接法适合在春季进行。嫁接时，我们先要挑选一段优良的、带有2～3个芽的接穗，用小刀将下端削成扁平状；然后把砧木水平截断，保留根部以上5厘米左右的高度，用刀在砧木上切一个3厘米左右的切口；接下来，把接穗插入切口中，然后用绳子或塑料膜把它们扎紧，最后埋入湿润的土壤中就可以了。

靠接法适合在6～7月之间进行，这种方法不需要将砧木的头去掉，也不需要将接穗从母株上剪下来。嫁接时，我们要用小刀在砧木上削一个2～3厘米长度的切口，并在将要靠接的接穗上削一个同样大小的切口，然后把两者的形成层对准，用绳子或塑料膜将它们紧紧捆在一起就可以了。

平接法适合在18～25℃之间进行，通常用来嫁接仙人掌类的花卉。嫁接时，我们要将砧木的生长点水平削掉，并把接穗的底部也削平，然后将两者的髓心对准，水平贴合在一起，用绳子或塑料膜扎紧就可以了。

这些病虫害
影响花卉的生长

花卉在生长过程中难免会遇到一些病虫害，不过只要我们采取积极的防治措施，就能让花卉恢复健康。那么，花卉都有哪些常见的病虫害？我们应该采取什么样的防治措施呢？看看下面的表格，你就明白了。

常见的病害	病症	防治措施
白粉病	常常出现在花卉的嫩芽、叶、花蕾、花梗上。会从初期的褐色斑点逐渐变为白色的粉斑，最后转为灰色。	合理浇水、施肥；经常通风；及时清除生病的枝叶；喷洒药剂，如锈粉宁、多菌灵等。

炭疽病	经常出现在叶、茎、花蕾、果实上。染病后，叶片会长出褐色或灰白色的病斑，随着病情加重，病斑上还会出现小黑点。	经常通风、接受日照；及时清除生病的枝叶；喷洒药剂，如波尔多液、多菌灵等。
灰霉病	主要出现在叶、茎、花、果实上。会从初期的水渍斑点逐渐扩大为褐色、紫色的病斑，病斑上会长出灰色的茸毛。	将生病的植株彻底清除；为土壤消毒；喷洒药剂，如托布津溶液、百菌清等。
叶斑病	常常出现在叶片上。发病初期，下部的叶片先长出淡黄色、白色或褐色的病斑，随着病情加重，病斑会连成一片并向上蔓延。	经常通风、接受光照；花盆排水要好；及时清除生病的枝叶；喷洒药剂，如波尔多液、百菌灵、布托津溶液等。
立枯病	主要危害花卉幼苗。发病时幼苗会猝倒、枯萎、腐烂。	将土壤、花盆消毒；及时清除生病的幼苗；喷洒药剂，如硫酸亚铁、波尔多液、多菌灵等。
锈病	经常出现在叶、茎、花梗上。会从初期的浅绿色小疱变为褐色的大疱。	适当施磷肥、钾肥，增加花卉抵抗力；及时清除生病的枝叶；喷洒药剂，如粉锈宁、波尔多液、疫霉净等。
煤烟病	常常危害枝叶、果实。发病初期会长出褐色霉斑，随着病情加重转变为黑色煤烟状霉层。	及时清除蚜虫、介壳虫等传播病菌的害虫；喷洒药剂，如多菌灵、布托津溶液等。

常见的虫害	主要危害部位	防治措施
介壳虫	枝叶、果实	经常通风；及时清除生虫的枝叶；喷洒药剂，如氧化乐果。
蚜虫	叶、茎、花蕾	降温、通风；及时清除生虫的枝叶；喷洒药剂，如呋喃丹、氧化乐果、敌敌畏等。
红蜘蛛	叶	降温、通风；及时清除生虫的枝叶；喷洒药剂，如溴螨酯乳剂、氧化乐果等。
蓟马	叶、花	给土壤消毒；喷洒药剂，如氧化乐果、敌敌畏等。
粉虱	叶、茎、果实	及时清除生虫的枝叶；喷洒药剂，如氧化乐果、敌敌畏、杀灭菊酯等。
线虫	根、叶	晾晒土壤；合理施肥、浇水；喷洒药剂，如呋喃丹。

　　除了用药剂来防治病虫害外，我们还可以自制"药剂"哦！比如大蒜汁、白醋水、辣椒水、烟叶水等，都可以用来清除蚜虫、介壳虫、红蜘蛛、灰霉病、白粉病、立枯病等常见的病虫害。当然，要减少病虫害的侵扰，还需要我们养成良好的种养习惯，为花卉营造良好的生活环境。

Part 2

选好位置,
美丽花卉尽显魅力

一

玄关——开关门之间的惊鸿一瞥

如果把家比作一篇文章，那么玄关就是文章的开头，精彩与否影响着整篇文章的内容。在整个住宅中，玄关占据着「咽喉」的重要位置，它引导着家庭气流的走向，发挥着消除住宅恶煞之气的风水作用。家人的健康运、财运等都与之息息相关。所以，玄关是我们不容忽视的地方。那么，什么样的花卉能让玄关充分发挥出「点睛」、「旺运」的作用呢？我们的关键词就是——生机勃勃的花卉。

春 羽

❋ 花卉小档案 ❋

姓　　名	春羽
别　　名	春芋、喜树蕉、小天使
科　　属	天南星科喜林芋属
祖　　籍	巴西、巴拉圭
最喜欢的土壤	砂质土壤
最喜欢的生长温度	18～25℃
最讨厌的害虫	红蜘蛛、介壳虫
最害怕的病	炭疽病、叶斑病

自我介绍：我是一种多年生常绿草本植物，因为我的叶子是羽裂状态，所以大家喜欢叫我"春羽"。我喜欢生活在荫蔽的地方，玄关就是个不错的"家"呢！我也会开花，不过没什么好看的，大家还是欣赏我最漂亮的叶子吧！

❋ 漂亮花卉种出来 ❋

　　栽培春羽，我们可以选用分株、扦插两种方法。挑选长势比较旺的春羽，用小刀将基部长出来的带跟的小分枝割下来，栽种到其他花盆中就可以了。

　　扦插时，我们同样用小刀从长势较旺的春羽植株上切一段枝桠，放入水中浸泡，当根须长出来以后，就可以栽入花盆了。

❋ 健康花卉养出来 ❋

 浇水

　　春羽喜欢湿润的环境，平时我们要时刻保持土壤的湿润。在炎热的夏季，我们要经常用小喷壶喷洒叶片，这样既可以保证充足的水分，还可以让春羽变得清新亮丽。冬季蒸发量小，我们可以适当减少浇水量，当土壤有干燥的痕迹时及时浇透即可。

施肥

　　从春末开始，春羽进入旺盛的生长阶段，这时我们可以施一些氮肥，这样能够促进春羽生长。

光照

春羽喜欢荫蔽、湿热的环境,不要让它接受强烈的光照。半阴的地方更有利于春羽生长。

修剪

如果发现春羽有发黄、干枯的叶子,我们要及时修剪,以便保持良好的植株形态。

 花卉功能卡

春羽能够吸附空气中的尘埃,释放新鲜的氧气,让室内的空气变得更清新,使人一进门就能呼吸到宜人的空气。

 花卉摆放寓意

春羽的花语有"安宁、思远"的意思。它不仅外形惹人喜欢,而且环保功效显著。在玄关摆放春羽,能够净化门口的空气,保持良好的住宅风水。有了春羽把关,家里将充满安宁、和睦。

豆瓣绿

✻ 花卉小档案 ✻

姓　　名	豆瓣绿
别　　名	椒草、青叶碧玉
科　　属	胡椒科草胡椒属
祖　　籍	西印度群岛、巴拿马、南美洲北部
最喜欢的土壤	疏松、肥沃、排水性好的土壤
最喜欢的生长温度	15~25℃
最讨厌的害虫	介壳虫、蛞蝓
最害怕的病	环斑病、根腐病

自我介绍:我是一种多年生草本植物。也许你没有见过我,但是我相信,只要见过一次,你将牢牢记住我的样子。因为我走的是可爱路线!我的个头不高,大约在20厘米左右,叶片肉肉的,不仅能够美化环境,还可以治疗跌打损伤哦!这样的我,你喜欢吗?

❋ 漂亮花卉种出来 ❋

栽种豆瓣绿，我们可以采取分株法。从长势旺盛的豆瓣绿基部取一株小分枝，然后将它栽入其他花盆即可。

此外，我们还可以采用扦插法。不过最好在5月左右进行，这时豆瓣绿长势旺盛，而且容易成活。我们可以用小刀从豆瓣绿顶端切一段枝条或带叶柄的叶子，等切口自然风干后，把枝条或叶子插入湿润的沙床中就可以了。

❀ 健康花卉养出来 ❀

浇水

豆瓣绿喜欢湿润的土壤，尤其在生长旺盛的5~9月，我们除了保持土壤湿润外，还可以用喷壶喷洒叶面，这样可以使豆瓣绿看起来更青翠。

施肥

为了让豆瓣绿长得更好，我们可以每隔一个月施一次肥。当冬季来临时，就可以适当减少施肥次数。

光照

豆瓣绿不喜欢强烈的阳光，但是不代表一点光也不能见。我们可以适当将摆在玄关里的豆瓣绿搬到半阴的地方吸收一定的光照，这样豆瓣绿会长得更好。

修剪

当豆瓣绿长得很密的时候，我们要用剪刀将过高、过密的枝条剪掉，这样更有利于豆瓣绿生长。

花卉功能卡

空气中的甲醛、二甲苯等有毒气体都可以被豆瓣绿吸收，而且它还可以减少电脑辐射、二手烟的危害，时刻保持室内环境的清新。

花卉摆放寓意

看到豆瓣绿，总会让人情不自禁地想起"干净、清新"这样的字眼，没错，它的花语就是"干净、雅致、清新"。玄关是家庭气流的进出之地，摆放一盆豆瓣绿，能够净化污浊之气，做家人的绿色健康卫士。

万年青

❋ 花卉小档案 ❋

姓 名	万年青
别 名	开喉剑、冬不凋、铁扁担
科 属	假叶树科万年青属
祖 籍	中国、日本
最喜欢的土壤	疏松、肥沃、排水性好的沙壤土
最喜欢的生长温度	20～30℃
最讨厌的害虫	介壳虫、褐软蚧
最害怕的病	叶斑病、炭疽病

自我介绍：我是一种多年生常绿草本植物，叶子是我最吸引人的部位。我也会开出白色密集的小花，花期可以达到6～8个月；结出橘红色的果实，不过在北方地区很少结果，这与生长环境的局限性有关。我的家族十分庞大，被人们熟知的有金边万年青、银边万年青、花叶万年青等。我的生命力十分旺盛，所以深受人们的喜爱。

❋ 漂亮花卉种出来 ❋

万年青既可以用种子播种，也可以采取分株法繁衍后代。在3～4月的时候将种子播在土壤中。我们可以在花盆上盖一层塑料薄膜，这样可以保温、保湿，有利于促进种子发芽。

相比较而言，分株法更有利于万年青繁殖后代。在温度适宜的春天或秋天，我们可以用小刀将万年青根部萌发的新芽切下来，用草木灰均匀涂抹切口，然后栽入盆中。

❋ 健康花卉养出来 ❋

浇水

万年青喜欢湿润的环境，所以我们要及时给它补充水分。不过，在春、秋不要过分浇水，以免土壤积水引起根部腐烂，当土壤变干再一次性浇透就可以了。

施肥

万年青在夏季生长旺盛，这时每隔10天左右要给它施一次肥。当万年青开花后，大约15天左右施一次肥即可，这样可以促进万年青开花结果。

光照

万年青喜欢荫蔽的环境，所以玄关很适合它生长。我们只要偶尔将它放在半阴的地方晒一晒太阳即可。

修剪

当万年青出现黄叶、老叶、残叶的时候，我们可以用剪刀为它修剪。这样可以让叶片的营养更集中，而且能提高观赏价值。

花卉功能卡

万年青不仅好看，而且还能净化空气。它可以吸收空气中的尼古丁、甲醛等有害成分，让室内空气变得清新宜人。

花卉摆放寓意

万年青的花语是"健康、长寿"。在民间，若是遇到生孩子、搬迁、嫁娶等喜事，万年青就会发挥出健康、平安、如意的"功能"。就连古代皇帝都喜欢将万年青种在桶里，象征"一统万年"。在玄关摆放万年青，能够阻挡门口的"煞气"，让健康、平安之气融入家中的每个角落。

散尾葵

✽ 花卉小档案 ✽

姓　　名	散尾葵
别　　名	黄椰子
科　　属	棕榈科散尾葵属
祖　　籍	马达加斯加
最喜欢的土壤	疏松、肥沃、排水性好的土壤
最喜欢的生长温度	20～25℃
最讨厌的害虫	红蜘蛛、介壳虫
最害怕的病	叶斑病

自我介绍：我是一种丛生常绿灌木。我长有光滑的茎杆、细长的叶子，叶柄柔软、弯曲，如果你见过椰子树，就会发现我长得和它十分相似。因为我的"衣服"是黄绿色，所以大家还喜欢叫我"黄椰子"。

✽ 漂亮花卉种出来 ✽

散尾葵通常有两种繁殖方法，一种是种子播种：我们可以把种子放在35℃左右的温水中浸泡两天，然后种到土壤中；另一种是分株法：用小刀将基部长出来的侧枝分成单独的植株，然后种在其他花盆中。相比较而言，分株法更有利于散尾葵成活，我们可以根据自己的喜好来选择不同的种植方法。

✽ 健康花卉养出来 ✽

浇水

散尾葵的生长旺季是春、夏、秋，因此这段时间要经常给散尾葵浇水。在冬季，我们可以适当减少浇水次数，用湿布擦拭叶片，这样既补水又能保持散尾葵的清洁，一举两得。

施肥

在生长旺季，我们每个月要给散尾葵施一次肥，这样能促进生长。

光照

散尾葵喜欢半阴的环境，所以我们千万不要把它放在阳光下暴晒，这样会导致枯萎的。

修剪

冬季时，我们要把枯黄、密集的枝条剪掉，让散尾葵保持良好的冠形。

花卉功能卡

散尾葵能吸收空气中的苯、甲醛等有害气体，净化室内空气，而且还可以增加空气中的湿度，好像一台小小的加湿器，让我们摆脱干燥的困扰。

花卉摆放寓意

散尾葵有"优美"的象征意味，正因为如此，它常常被用来搭配华丽风格。尤其是在美式、法式等繁缛的装饰风格中，散尾葵更是起到去繁存简、增添雅致的作用。散尾葵枝繁叶茂，把它摆在玄关有招财进宝的意味，使家庭保持旺盛的财运。

一叶兰

❋ 花卉小档案 ❋

姓　　名	一叶兰
别　　名	蜘蛛抱蛋、竹叶盘、箬叶
科　　属	百合科蜘蛛抱蛋属
祖　　籍	中国南方地区
最喜欢的土壤	疏松、肥沃、略带酸性的沙质土壤
最喜欢的生长温度	10~25℃
最讨厌的害虫	介壳虫
最害怕的病	叶斑病

自我介绍： 我是一种多年生常绿草本植物。因为我的果实看起来很像蜘蛛卵，所以大家还喜欢叫我"蜘蛛抱蛋"。我的叶子常年青绿，而且我还会开花、结果，具有很高的观赏价值。你知道吗？我的根还是良好的中药材呢！自古就被用来治疗跌打损伤、风湿等疾病。我的兄弟姐妹有斑叶一叶兰、金线一叶兰，它们也是非常漂亮的观赏植物哦！

❋ 漂亮花卉种出来 ❋

春季是种植一叶兰的好时节，而分株法是最适宜一叶兰繁殖的好方法。这时我们可以按照3~5片叶子为一丛的方法，将一叶兰的地下茎分成数丛，然后分别种在花盆中即可。

❋ 健康花卉养出来 ❋

浇水

春夏两季是一叶兰的生长旺季，这段期间，我们要保持土壤湿润，还要经常用喷壶喷洒叶面，这样有助于新叶生长。

施肥

在生长旺季，我们每个月要给一叶兰施一次肥，这样可以促进生长。

光照

一叶兰非常耐阴，非常适合在玄关生长。不过为了促进新叶生长，我们要适时把它放在半阴的环境中生长一段时间。但是千万不要直接放在阳光下暴晒，即使时间很短，也会对一叶兰产生伤害。

修剪

如果一叶兰长得过密，我们要用剪刀稍加修剪，这样有助于整体生长。

花卉功能卡

一叶兰可以清除空气中的甲醛、氟化氢、二氧化碳等气体，让室内一年四季保持清新空气。

花卉摆放寓意

一叶兰有一个独特的地方，就是一柄一叶，所以它有"一心一意、天长地久"的象征意义。一叶兰生命力旺盛，而且外形淡雅、风度翩翩，摆放在玄关，进入家中的气流生机勃勃，可以促进家庭和睦，使家人的感情稳固、长久。

观音莲

✽ 花卉小档案 ✽

姓　　名	观音莲
别　　名	天南星科海芋属
科　　属	黑叶芋、黑叶观音莲、龟甲观音莲
祖　　籍	中国西南、东南地区
最喜欢的土壤	疏松、排水、肥沃的腐叶土
最喜欢的生长温度	20～30℃
最讨厌的害虫	蚜虫
最害怕的病	灰霉病

自我介绍：我是一种多年生草本植物。我的叶子看起来很像一面盾牌，上面有清晰可见的纹路，经常给人留下坚固、强硬的印象。正是因为我长得很"个性"，所以人们喜欢用我来装饰房间，毕竟"醒目"是我的强项嘛！

✽ 漂亮花卉种出来 ✽

要种出漂亮的观音莲，我们通常采取分株繁殖的方法。选取长势旺盛的观音莲，将它根部长出的分枝割下来，然后栽种于其他花盆中。要是分割的部分有伤口，我们可以抹一些草木灰，这样就不容易导致观音莲在生长过程中出现腐烂现象了。

❀ 健康花卉养出来 ❀

浇水

在生长旺盛的4～9月，我们要为观音莲提供充足的水分。除了保持土壤湿润外，我们还可以向叶面喷水。进入秋冬季节后，则要减少浇水量。

施肥

为了让观音莲长得茂盛，每个月要施一次肥料，尤其是在生长旺盛的时期。

光照

观音莲喜欢半阴凉的环境，如果玄关过于阴暗，我们可以适时将它搬到半阴的房间生长。但是千万不要在阳光下暴晒，以免将叶子灼伤。

修剪

发现观音莲的叶子变黄、变软时，我们可以用剪刀从长在主干上的叶柄处将叶子剪下来。观音莲的汁液有一定的毒性，修剪时最好戴上手套。

花卉功能卡

观音莲能够吸附空气中的有害气体，还可以除尘，是净化室内空气的强手。而且它还可以增加空气湿度，减少室内干燥度呢！

花卉摆放寓意

正如名字一般，观音莲有"吉祥、平安"的意思。在民间，人们喜欢将它摆在神案旁，旨在驱邪纳祥。玄关是住宅的入口，摆放观音莲一来可以起到美化作用，二来可以将污浊之气挡在门外。此外，观音莲外形独特，属于高档花卉，在国际市场上深受欢迎。有这样的花卉坐镇玄关，真是一件富有诗意和祥和之意的事情！

二 客厅——彰显雍容大气的风范

走入室内,哪里的风景最亮眼?当然非客厅莫属!家人聚会、接客迎宾都在这里举行,可以说,它就是住宅的心脏,起着巩固家庭关系、促进对外发展的重要作用。从风水的角度来看,家人的学业、事业、健康、情感等都与客厅有着密不可分的关系。因此,选择恰如其分的花卉就显得极为重要。那么,什么样的花卉才能提升家庭的整体运势呢?我们的关键词就是——雍容大气的花卉。

棕　竹

❋ 花卉小档案 ❋

姓　　名	棕竹
别　　名	观音竹、筋头竹
科　　属	棕榈科棕竹属
祖　　籍	中国南方地区
最喜欢的土壤	肥沃、疏松的沙质土壤
最喜欢的生长温度	10～30℃
最讨厌的害虫	介壳虫
最害怕的病	叶斑病

自我介绍：我是一种常绿丛生灌木。看到我，你就会联想到翠绿的竹子，虽然我没有它强壮，但是毫不谦虚地说，我比它更具有美感。所以大家很喜欢用我来装饰住宅。我的兄弟姐妹不少，根据叶子的大小，我们通常分为大叶、中叶和细叶三类。不管是哪一种，都很受大家欢迎呢！

❋ 漂亮花卉种出来 ❋

栽培棕竹可以用种子播种。在播种前，我们需要把种子放在35℃左右的温水中浸泡两天，这样可以促进发芽率。然后把种子播在花盆中。

此外，我们还可以采取分株法栽培棕竹。用小刀将棕竹的分枝割下来，每一丛上保留10株左右的枝条，然后栽种于花盆中就可以了。

❋ 健康花卉养出来 ❋

浇水

棕竹喜欢湿润的环境，我们要经常给它浇水，但是不要在花盆中积水，以免造成根部腐烂。

施肥

春夏两季是棕竹生长的旺季，这时我们要每隔半月给它施一次肥。施肥的时候，我们可以适当加一些硫酸亚铁，这样能让叶子长得更翠绿。

光照

棕竹不喜欢强烈的阳光，我们在摆放的时候要让它远离阳光地带，以免叶子变黄。

修剪

棕竹长势旺盛,我们需要及时清理枯黄的叶子,并分层次修剪密集的枝叶。

花卉功能卡

棕竹能吸收二氧化碳,使室内充满新鲜的氧气。而且它还可以减少家电的辐射,让室内的环境更富有生机。

花卉摆放寓意

棕竹青翠欲滴、亭亭玉立、生命力旺盛,给人一种"姿态秀雅、坚忍不拔"的意味。客厅是接客迎宾的场所,摆放棕竹技既能提升住宅的品位,还可以营造富贵祥和的气场,让人感觉轻松、舒适。

凤尾竹

✽ 花卉小档案 ✽

自我介绍:我是一种常绿丛生灌木。虽然我的个头不怎么高,但是我的叶子纤细柔美,就像凤尾一样漂亮。而且我的生命力很旺盛,经常给人欣欣向荣的感觉。无论是在庭院还是室内,我都会成为一道亮丽的风景。

姓　名	凤尾竹	最喜欢的土壤	疏松、肥沃、排水性好的土壤
别　名	蓬莱竹	最喜欢的生长温度	20～30℃
科　属	禾本科簕竹属	最讨厌的害虫	介壳虫、蚜虫
祖　籍	中国南方地区	最害怕的病	叶枯病、锈病

❋ 漂亮花卉种出来 ❋

凤尾竹长势旺盛，经常会长出许多小笋，这时我们可以将带有根须的笋芽从基部切下来，并且最少保留一株老枝，然后栽入其他花盆即可。

另外，我们可以从顶端剪一株旺盛的枝条，然后放入清水中浸泡，等长出须根时就可以栽入土壤中了。

❋ 健康花卉养出来 ❋

 浇水

凤尾竹喜欢湿润的土壤，但是不喜欢积水。如果发现土壤变干，我们要及时浇水，还可以喷洒叶片，但是不要大水猛灌。

 施肥

在凤尾竹生长期间，每个月我们要施一次氮肥，这样能让凤尾竹长得更茂盛。

☀ **光照**

凤尾竹喜欢阳光，但是不喜欢强烈的光照。所以我们可以把它放在客厅向阳的地方，避开光照强烈的地方。

 修剪

凤尾竹长势旺盛，我们要根据需要，修剪老枝以及多余的嫩枝叶，以便保持凤尾竹的美观。

花卉功能卡

凤尾竹能够清除空气中的氨气、二氧化碳、氯仿气体，让室内环境充满清新、自然的氧气。

花卉摆放寓意

自古以来，凤尾竹就有"平安、辟邪"的寓意，相传它是观音菩萨用来救助世人的吉祥之物，富含灵气。此外，凤尾竹还有"节节高升"的意思。客厅是住宅的核心部位，有凤尾竹的衬托，能够达到驱邪纳祥、事业亨通的效果。

橡皮树

❋ 花卉小档案 ❋

姓　　名	橡皮树
别　　名	印度橡皮树、印度榕
科　　属	桑科榕属
祖　　籍	印度、马来西亚
最喜欢的土壤	肥沃的腐叶土或沙质土
最喜欢的生长温度	20～30℃
最讨厌的害虫	介壳虫、蓟马
最害怕的病	叶斑病、灰霉病、炭疽病

自我介绍：我是一种常绿木本植物。我的叶片又大又厚，并且富含光泽。虽然我的大部分叶子都是绿色的，不过我的嫩叶发红，红绿相称，漂亮极了。我的体型偏大，无论摆放在哪里都有一种雄伟、大气的风范，所以很多人都很喜欢我呢！

❋ 漂亮花卉种出来 ❋

栽培橡皮树，我们通常采取扦插法。用小刀从生长旺盛的橡皮树上端割取一段枝条，然后用草木灰将伤口封住，插入沙床或泥炭土中，等根须长出后移栽到花盆即可。

❋ 健康花卉养出来 ❋

浇水

夏天蒸发旺盛，我们要及时给橡皮树浇水，保持土壤湿润，还可以喷洒叶片。冬天则要减少浇水量，以免引起根部腐烂。

施肥

在橡皮树长新叶期间，我们要每月施一次肥，为橡皮树补充生长所需营养。

光照

橡皮树喜欢光照。我们可以把它摆放在客厅的阳光地带，这样更有助于橡皮树生长。

修剪

为了让橡皮树的外形看起来更美观，我们要适当修剪顶部的枝叶，这样能促进侧枝生长。如果侧枝繁密，我们要剪掉一些多余的枝条。

花卉功能卡

客厅里的人员流动性比较大，空气中的粉尘含量也会比较多，而橡皮树的强项就是净化粉尘，还能清除甲醛，是天然的空气"吸尘器"。

花卉摆放寓意

橡皮树外形大而美观，四季常青，有"踏实、信任、万古长青"等象征意义。把它摆放在客厅，既能彰显住宅的大气风范，给客人留下深刻印象，还能体现主人的品位，提升主人的个人魅力呢！

发财树

❋ 花卉小档案 ❋

姓　　名	发财树
别　　名	瓜栗、马拉巴栗
科　　属	木棉科瓜栗属
祖　　籍	墨西哥
最喜欢的土壤	含有腐殖质的沙质土壤
最喜欢的生长温度	15～30℃
最讨厌的害虫	蔗扁蛾
最害怕的病	根腐病、叶枯病

自我介绍：我是一种常绿乔木。不仅体型高大、枝叶茂盛，而且花朵也非常漂亮。每年4～5月，是我开花的时节；到了10月左右，我的果实就会成熟。无论是叶还是花，我的观赏价值都非常高，加上"发财"这层意思，在花卉中想"低调"都不行呀！

❋ 漂亮花卉种出来 ❋

种植发财树，我们可以用种子。方法很简单，将种子埋入土壤，在发芽前保持土壤湿润。尽管这种方法使得生长速度比较慢，但是长出来的发财树外形比较优美。此外，我们可以剪取发财树的枝条，将它放在水中浸泡，长出须根后再种入花盆中。

❋ 健康花卉养出来 ❋

浇水

发财树比较耐寒，我们可以在土壤变干时浇足水分。夏季蒸发量大，可以喷洒叶片来补水。

施肥

发财树在生长期间会消耗大量养分，所以我们要每隔半月给它施一次肥，以便让它长得更茂盛。

光照

发财树极喜欢光照，又比较耐阴，我们可以将它放在室内光线较弱的地方，不过每隔两周要移到到光线充足的地方吸收一些"阳气"。

修剪

发财树的生长速度很快，我们要适时剪掉过密的枝桠，以及枯黄的老叶，这样既能保持美观，又可以促进发财树生长。

花卉功能卡

发财树不仅能吸收甲醛，还能制造充足的氧气，使室内保持良好的温度和湿度，是一台天然的"加湿器"。

花卉摆放寓意

从名字就可以看出，发财树代表"财运"，象征着"财运亨通、事业飞黄腾达"。在客厅摆放发财树，能够强化住宅的磁场，将福气、财气散播与室内每个角落，使家人财运滚滚、事业蒸蒸日上。加之美观的外形，发财树在商场上也是极具人气！

山茶花

❋ 花卉小档案 ❋

姓　　名	山茶花
别　　名	玉茗花、耐冬
科　　属	山茶科山茶属
祖　　籍	中国
最喜欢的土壤	肥沃、疏松的微酸性土壤
最喜欢的生长温度	18～25℃
最讨厌的害虫	蚜虫、红蜘蛛、介壳虫
最害怕的病	立枯病、白粉病

自我介绍：我是一种常绿灌木，花朵是我最引以为傲的部分，每年的10月到第二年4月，我都会开花。正因为我不怕冷，所以大家也叫我"耐冬"。我的花颜色多彩，有红、白、黄、紫等。我不仅是中国传统十大名花之一，还在世界名花中占有一席之地呢！

❋ 漂亮花卉种出来 ❋

山茶花，我们可以用扦插、播种两种方法。扦插时，我们要从山茶花顶端部分挑选一根10厘米长的半成熟的枝条，然后将它插在土中，留下带叶子的部分在土壤之上。

用种子播种时，我们只要将种子埋入土中，保持土壤湿润就可以。

❋ 健康花卉养出来 ❋

 浇水

如果土壤太湿，山茶花的根容易腐烂。所以我们在浇水的时候要适量，发现土壤变干时浇透即可。

 施肥

夏季，山茶花生长需要消耗大量养分。这时，我们要每月施一次肥。到了9月，停止施肥。等山茶花长出花蕾后在继续追肥。

☀ 光照

山茶花喜欢半阴凉的生长环境，我们可以把它摆放在客厅中半阴的地方，避免被强烈的阳光直接照射。

✂ 修剪

通常情况下，山茶花不需要修剪，我们主要将长得较弱、密集的枝条去掉即可。

花卉功能卡

山茶花能够净化空气中的二氧化硫、氯气、氟化氢等有毒气体，为我们营造清新自然的室内环境。

花卉摆放寓意

山茶花既有梅花的傲骨，又有牡丹的艳丽，给人一种优雅的感觉。它的花语是"谦让"，能够体现主人豁达、谦和的气度。在客厅摆放山茶花，能营造一种淳朴、清新的氛围，使主人与客人的交谈更融洽。

凤梨花

❋ 花卉小档案 ❋

姓 名	凤梨花
别 名	菠萝花、观赏凤梨
科 属	凤梨科水塔花属
祖 籍	巴西、阿根廷
最喜欢的土壤	肥沃、排水性好的酸性沙质土壤
最喜欢的生长温度	20～28℃
最讨厌的害虫	红蜘蛛、介壳虫
最害怕的病	白粉病

自我介绍：我是一种多年生草本植物。虽然叫"凤梨"，但是我只会开花，不会结出美味的菠萝。不过没关系，我的花和叶具有很高的观赏价值，同样深受人们的喜爱。我的家族有很多品种，比如姬凤梨、蜻蜓凤梨、金边凤梨等。由于我的花叶千姿百态、绚丽多彩，所以常被用来装饰住宅。

❇ 漂亮花卉种出来 ❇

凤梨花枯萎之后，会在原来的植株上长出新芽。当新芽长到10厘米左右时，我们可以将它剥离下来，栽入其他花盆，这样就会长出新的凤梨花了。

❇ 健康花卉养出来 ❇

浇水

春夏是凤梨花的生长旺季，我们要保持土壤湿润。平时还可以喷洒叶面，既能减少水分蒸发，又可以让凤梨花保持清洁。

施肥

在生长旺季，我们要每隔一周施一次氮肥。当凤梨花进入开花期，可以施适量的磷肥、钾肥，这样能让花朵开得更艳丽。

☀ 光照

凤梨花喜欢半阴凉的生长环境。在春秋两季，我们要让它早晚都能照到阳光，而在夏季则要避免阳光的直射。一般来说，客厅明亮、温暖，很适合凤梨花生长。

✂ 修剪

当凤梨花进入休眠期后，我们要把花梗剪掉，这样就不会消耗养分了。

花卉功能卡

凤梨花的拿手本领是吸收二氧化碳，制造清新的氧气，将污浊的空气净化干净。

花卉摆放寓意

无论是叶还是花，凤梨花都让人称奇不已，它的美热情而含蓄，就如它的花语"完美"一般，让人百看不厌。在客厅中摆放一盆凤梨花，能够瞬间提升房间的亮点，活跃气氛，使客厅充分展现"核心"的魅力。

仙客来

❋ 花卉小档案 ❋

自我介绍：我是一种多年生草本植物。在世界上的栽培史已经有三千多年了，经过不断的改良，我已经成为了世界性的观赏花卉，深受各国人民的推崇。我的花瓣长得和兔耳朵相似，所以大家还亲切地称我为"兔子花"。我的品种很多，花朵颜色多姿多彩，摆放在室内漂亮极了！

姓　　名	仙客来	最喜欢的土壤	疏松、肥沃、排水好的微酸性沙质土壤
别　　名	萝卜海棠、兔子花	最喜欢的生长温度	15～20℃
科　　属	报春花科仙客来属	最讨厌的害虫	蚜虫、卷叶蛾
祖　　籍	地中海地区	最害怕的病	软腐病、灰霉病

❋ 漂亮花卉种出来 ❋

通常情况下，我们用种子来栽培仙客来。播种之前，先将种子放在30℃左右的温水中浸泡4小时左右，这样可以促进种子发芽。为了保证适宜的湿度和温度，我们可以在土壤上盖一层塑料薄膜，等小芽长出来后去掉就可以了。

❋ 健康花卉养出来 ❋

 浇水

给仙客来浇水的时候，我们要掌握好量，只要保持土壤湿润即可，不要积水。

 施肥

在生长期，仙客来会消耗大量养分。这时我们要每半个月施一次肥。当仙客来进入化花期，则要停止施肥，以免缩短花期，影响花朵的开放。

☀ **光照**

仙客来喜欢温暖的阳光，光照充足的客厅，适合仙客来生长。如果光线比较阴暗，我们要适时把仙客来搬到明亮的地方，但是不要直接在强光下照射。

修剪

发现仙客来长有黄叶时,我们要及时摘出。如果仙客来的叶子和花长得过密,我们需要适当地修剪,以保证仙客来吸收到充足的养分。

 **花卉功能卡**

仙客来能够吸收空气中的二氧化硫,为我们营造健康的室内环境。

 花卉摆放寓意

仙客来有"迎宾、好客"的意思,正好与客厅接客迎宾的意味相符。而且它的花朵可爱美丽、香气宜人,既能提升客厅的美感,还能彰显主人的热情好客,摆放在客厅真是再适合不过了。

郁金香

✿ 花卉小档案 ✿

姓 名	郁金香
别 名	洋河花、草麝香
科 属	百合科郁金香属
祖 籍	地中海沿岸、中亚细亚、伊朗、土耳其等地
最喜欢的土壤	疏松、富含腐殖质、排水好的微酸性土壤
最喜欢的生长温度	15~20℃
最讨厌的害虫	蚜虫
最害怕的病	软腐病、猝倒病

自我介绍:我是一种多年生草本植物,在世界上非常著名。人们喜欢我,与我独特的魅力有着密不可分的关系。我的花朵色彩绚烂,外形清雅脱俗,无论是用于园艺栽培,还是艺术插花,都让人百看不厌。在荷兰,我还被人们奉为国花呢!

❋ 漂亮花卉种出来 ❋

栽种郁金香，我们可以采用分离小鳞茎的方法。郁金香花落后，鳞茎的基部会长出新的鳞茎和小球。当母球干枯后，我们需要把鳞茎挖出来，把较大鳞茎上的子球分离出来，放在干燥、通风的地方保存。到了秋季，把它种在土中即可。

❋ 健康花卉养出来 ❋

浇水

在郁金香生长期间，我们不用给它勤浇水，如果发现土壤变干，就要一次性浇透。平时只要保持土壤湿润就可以。

施肥

当郁金香长出小苗，我们施一次肥，以便促进幼苗生长。在郁金香蕴育花蕾时，我们也要追肥，这样能让花朵开得更漂亮。

光照

郁金香喜欢光照，不过在发芽的时候，我们要适当遮光，促进花芽的生长。当花苗长出来，就要吸收充足的光照，直到花蕾完全着色。之后，可以适当遮光，这样能延长花期。

修剪

如果发现郁金香出现黄叶或者病株，要及时剪除。

花卉功能卡

郁金香不仅美观，而且能够清除二氧化硫、氟、氯等有害气体，还可以减少空气中的尘埃，是天然的空气"过滤器"。

花卉摆放寓意

郁金香高贵、典雅，有"神圣、胜利、幸福"等象征意义，深受各国人民的喜爱。在客厅摆放，能够提升家庭空间的魅力，使客人感到舒适。对于主人而言，郁金香还能带来成功的祝福呢！

杜鹃花

❋ 花卉小档案 ❋

自我介绍：我是一种木本植物，不仅花美，叶也十分漂亮，自古以来就是深受人们喜爱的花卉，我还是中国十大名花之一，被誉为"花中西施"！我的家族庞大，在世界范围内享有盛誉。除了作为观赏植物，我的木材还是制作农具、手杖、雕刻等物品的佳选。我的根、叶、果实等还具有医疗作用，在医药界也具有很高的人气呢！

姓　　名	杜鹃花	最喜欢的土壤	富含腐殖质、排水性好的酸性土壤
别　　名	映山红、山石榴	最喜欢的生长温度	15～30℃
科　　属	杜鹃花科杜鹃花属	最讨厌的害虫	军配虫、红蜘蛛
祖　　籍	中国	最害怕的病	褐斑病

❋ 漂亮花卉种出来 ❋

栽种杜鹃花，我们可以用种子来播种。将种子撒入土中，保持20℃左右的温度，大约20天左右种子就会发芽。

除了播种，扦插是我们较常用的方法。从当年生的杜鹃花上割取一段半木质化的枝条，然后将它插入土壤中，温度保持在25℃左右，大约一个月左右就会长出根。

❋ 健康花卉养出来 ❋

 浇水

杜鹃花喜欢湿润的生长环境，尤其是在开花期间，要及时补充水分。但是不要浇太多水，以免造成积水。

 施肥

杜鹃花对肥料的需求比较大，在开花之前，我们要每隔半月给它施一次肥。开花期间停止施肥，花落后继续追肥，这样可以促进枝叶生长。

 光照

仙客来喜欢温暖的阳光，许多客厅光照充足，适合仙客来生长。如果光线比较阴暗，我们要适时把仙客来搬到明亮的地方，但是不要直接在强光下照射。

✂ **修剪**

如果发现郁金香出现黄叶或者病株，要及时剪除。

花卉功能卡

杜鹃花不仅好看，而且具有净化空气的功能。它可以减少空气中的甲苯，为我们营造健康的生活环境。

花卉摆放寓意

杜鹃花花繁叶茂，总是给人朝气蓬勃、热闹的感觉。摆放在客厅，能够让室内充满生机。更重要的一点是，它带有花刺，能够化解室内的污浊之气，保护家庭不受侵扰，是不可多得的"宝物"呢！

百合花

❋ 花卉小档案 ❋

自我介绍：我是一种多年生草本球根植物。我的家族十分庞大，在世界上分布广泛。在花中，我有"云裳仙子"的美称，你知道吗？我的家族中有些品种具有很高的观赏价值，而有些品种还能食用、药用呢！正因为如此，我们在花卉界和饮食界都有很高的人气！

| 姓　　名 | 百合花 | 最喜欢的土壤 | 富含腐殖质、排水性好的沙质土壤 |

别　　名	山丹、强瞿	最喜欢的生长温度	16~24℃
科　　属	百合科百合属	最讨厌的害虫	蚜虫
祖　　籍	中国	最害怕的病	叶枯病、百合花叶病、斑点病

❋ 漂亮花卉种出来 ❋

栽种百合花，我们可以选择播种的方法。秋天收集种子，等到温暖的春天来临，将种子撒入土壤中，大约一个月就能长出新芽。除此之外，我们还可以在秋天的时候将老鳞茎上的小鳞茎分割下来，等到第二年春天把它种入土中。

❋ 健康花卉养出来 ❋

浇水

百合花喜欢湿润的土壤，如果发现土壤变干，我们要及时浇水，但是不要大水猛灌，以免造成积水。

施肥

百合花对肥料的需求比较大。在生长期间，我们需要每个半月给它施一次氮、钾肥。

光照

百合花喜欢半阴的生长环境，我们要把它摆放在客厅光照较少的地方，这样有利于百合花生长。

修剪

如果发现百合花出现黄叶、病叶，我们要及时剪除。

花卉功能卡

百合花花香宜人，能够起到振奋精神的作用。有些可以食用的百合花有清火、安神等功效，是不可多得的健康花卉。

花卉摆放寓意

很久以前，人们就把百合花当作吉祥花卉，"百年好合、百事合意"就成了它的代名词。此外百合花清新秀丽，摆放在客厅不仅能营造温馨的室内环境，还能保佑家庭和睦、爱情甜美如意呢！

紫罗兰

❀ 花卉小档案 ❀

姓 名	紫罗兰
别 名	草桂花、四桃克
科 属	十字花科紫罗兰属
祖 籍	地中海沿岸地区
最喜欢的土壤	排水性好的偏碱性土壤
最喜欢的生长温度	20～25℃
最讨厌的害虫	蚜虫、蓟马、潜叶蝇
最害怕的病	根腐病、灰霉病

自我介绍：我是一种多年生草本植物。虽然我的名字叫紫罗兰，但是我的花除了紫红色，还有淡红、淡黄、白色等颜色。我不仅能装饰环境，还可以美容养颜，搭配薄荷、玫瑰花等花茶一起饮用，还能养生。所以许多爱美女士都很喜欢我呢！

❀ 漂亮花卉种出来 ❀

我们种植紫罗兰最常用的方式就是播种。如果温度控制在20℃左右，我们可以随时播种紫罗兰。将种子撒入土壤，保持土壤湿润，大约半个月后紫罗兰就会发芽。

❀ 健康花卉养出来 ❀

浇水

紫罗兰不喜欢积水，我们只要在土壤变干时一次性浇透即可，不需要频繁浇水。

施肥

在播种前，我们要在花盆中施足基肥。等种子发芽，我们要少量多次施肥，这样不容易出现烧苗现象。等花蕾长出来后，我们再稍微加大肥量，每隔一周施一次肥。

光照

紫罗兰喜欢阳光，我们要把它摆放在客厅阳光充足的地方，这样能促进紫罗兰生长。

修剪

为了让紫罗兰长得更茂盛，当它长出9片左右叶子时，我们要给它摘心。在花朵盛开过后，要剪除枯萎的花枝。

花卉功能卡

紫罗兰的香气能够净化室内空气，还可以杀菌，有助于舒缓紧绷的神经，起到提神醒脑的作用。

花卉摆放寓意

紫罗兰常给人清新淡雅的感觉，它有"美好、忠诚、诚实"等寓意。客厅是家人聚会的场所，摆放紫罗兰不仅能增进爱人之间的感情，还可以为家庭营造温馨的氛围。此外，它还可以为家人带来健康长寿呢！

一串红

❈ 花卉小档案 ❈

自我介绍：我是一种多年生草本植物。鲜艳的花朵是我最吸引人的部分。我的花期很长，可以从夏末一直持续到深秋，正因为如此，所以许多城市、园林都用我来美化环境。经过我的精心装扮，城市的景观效果提升了不少呢！

姓　名	一串红	最喜欢的土壤	疏松、肥沃、排水好的沙质土壤
别　名	爆仗红、西洋红	最喜欢的生长温度	15～30℃
科　属	唇形科鼠尾草属	最讨厌的害虫	刺蛾、蚜虫、介壳虫、金龟子
祖　籍	巴西	最害怕的病	黑斑病、白粉病、叶枯病

❋ 漂亮花卉种出来 ❋

一串红既可以播种,也可以扦插。播种的时候,将种子撒在花盆中,覆盖一层薄薄的土壤即可。扦插时,我们要从一串红的顶端选取一株健壮的枝条,将它浸泡在水中,等长出须根后栽入花盆中即可。

❋ 健康花卉养出来 ❋

 浇水

一串红对水分的要求不高,最怕积水。平时我们只要在土壤变干时浇足水分即可,这样可以避免一串红徒长。

 施肥

在一串红生长旺盛的时期,我们要给它施1~2次磷、钾肥,这样可以使它长得更茂盛。

 光照

一串红十分喜欢阳光,我们最好将它放在客厅光照充足的地方,这样可以使花朵开得更鲜艳。

 修剪

如果一串红长得过高,我们要适时修剪顶端的枝条,这样能促进花序生长。在开花之前,如果花蕾过密,我们还可以摘掉一些,这样能促进开花。

花卉功能卡

一串红可以吸收空气中的氮气,将它转化为生长所需的养料。此外,它还可以清除甲醛,保持健康的室内空气呢!

花卉摆放寓意

从一串红鲜艳的外表,我们很容易感受到它的"热情",在接客迎宾的客厅摆放一串红,不仅能提亮室内的色彩,还可以营造热情的氛围。此外,红色象征吉祥,而一串红又有"家族爱"的含义,所以它能促进家人之间的感情,给家庭带来诸多好运。

大丽花

❋ 花卉小档案 ❋

自我介绍：我是一种多年生草本植物。正如名字一般，我的花朵开得大而艳丽，并且色彩绚烂，可以与牡丹相媲美。我的花期很长，而且生长速度快，花朵数量多，如果温度适宜的话，我甚至可以周年不间断开花。我的家族十分庞大，品种高达三万多种，这使得我成为世界名花之一。另外，我还是墨西哥的国花呢！

姓　名	大丽花	最喜欢的土壤	疏松、肥沃、排水性好的沙质土壤
别　名	大丽菊、大理花、西番莲	最喜欢的生长温度	15~25℃
科　属	菊科大丽花属	最讨厌的害虫	红蜘蛛、螟蛾
祖　籍	墨西哥	最害怕的病	白粉病

❋ 漂亮花卉种出来 ❋

扦插是栽种大丽花常用的方法。我们要先对块根催芽，当新芽长到10厘米左右时，留下基部的叶片，把上面的枝条割下来，放入水中浸泡出根，然后种在花盆中即可。

❋ 健康花卉养出来 ❋

浇水

大丽花喜欢湿润的土壤，但是不喜欢积水。因此我们在浇水的时候要掌握好水量，最好将土壤一次性浇透。

施肥

在大丽花开花之前，我们需要每隔半月给它施一次肥，这样有助于花朵开得更大更美。

光照

大丽花喜欢充足的光照，平时我们需要把它放在客厅的阳光地带，不过夏天时要遮挡强烈的阳光。

 修剪

修剪大丽花，我们要根据不同的品种选择不同的方法。比如独本的大丽花，我们要将腋芽剪掉，留下顶芽；而四本的大丽花，就要将苗心摘掉，留取4个侧枝。

花卉功能卡

大丽花可不是只有外表好看，它的净化本领也是很好的。它能吸附二氧化碳、硫化氢等有害气体，为室内创造清新空气。

花卉摆放寓意

大丽花天生带有"大方、气派、富丽、豪华"的气质，用它来点缀客厅，不仅能彰显大家风范，还可以提升家庭的气场，为家庭带来富贵、吉祥。

三 书房——恬静有涵养的书香之地

如果要用一个词来形容书房,那就是雅致。它是我们学习、工作的最佳场所,担负着学业与事业两大重任。在住宅中,书房是一个独特的场所,能在无形中提升家庭的风水。它的恬静可以安抚焦躁的心情,舒缓沉重的精神压力,保证家人的健康;它的涵养能够丰富我们的头脑,助我们在学业、事业上更上一层楼。因此,装点书房的花卉需要精心挑选。我们的关键词就是——清新淡雅的花卉。

文 竹

❋ 花卉小档案 ❋

姓　名	文竹
别　名	云片松、云竹、刺天冬
科　属	百合科天门冬属
祖　籍	南非
最喜欢的土壤	富含腐殖质、排水性好的沙质土壤
最喜欢的生长温度	15～25℃
最讨厌的害虫	红蜘蛛
最害怕的病	灰霉病、叶枯病

自我介绍：我是一种多年生常绿藤本植物。我的叶片柔美、四季青绿，看起来很像竹子，所以人们称呼我为"文竹""云竹"等。我的花朵很小，不过丝毫不影响我的观赏价值。别看我这么"柔弱"，除了观赏，我的根还有药用价值呢！对咳嗽、急性气管炎等呼吸道疾病有着显著疗效。

❋ 漂亮花卉种出来 ❋

文竹最常用的栽培方法有两种，一种是播种，一种是分株。播种时，将种子撒在土壤中，盖上一层薄土，浇足水分，将温度控制在20～30℃之间，大约一个月文竹就会发芽。

分株的时候，我们需要用小刀将文竹的根切割成几块，每块带有3～5个枝桠，然后分别种在花盆中即可。

❋ 健康花卉养出来 ❋

浇水

给文竹浇水要控制好水量，如果发现土壤变干，要一次性浇透，避免土壤过干或过湿。在炎热的夏季，我们还可以喷洒叶面，以便减少蒸发量。

施肥

在文竹生长期间，我们要每隔一个月给它施一次肥，这样能促进文竹生长。

光照

文竹喜欢半阴凉的生长环境，一般明亮的书房很适合文竹生长。千万不要将它放在阳光下暴晒，这样会灼伤它的枝叶。

修剪

当文竹的芽长到3厘米左右的高度时，我们要修剪它顶部的生长点，这样能促进侧枝的生长。平时我们要及时修剪弱枝、老枝，让文竹保持清新的姿态。

花卉功能卡

文竹外表虽然柔弱，但是它的本领非常强大。它能够清除空气中的二氧化硫、二氧化氮、氯气等有害气体，还可以释放杀菌气体，让我们摆脱感冒、喉头炎等疾病的困扰。

花卉摆放寓意

文雅、清新是文竹给人的第一感觉，把它摆放在书香之地，再搭配笔、墨、纸、砚文房四宝，既能够增添房间的雅致，又可以舒缓压抑的精神，对我们的工作、学习有极佳的助推作用。

吊 兰

❀ 花卉小档案 ❀

自我介绍：我是一种多年生常绿草本植物。在生长过程中，我会抽生出细长的茎，并长有一簇簇的叶片，远远看起来很像展翅飞翔的仙鹤，所以大家还喜欢叫我"折鹤兰"。也正因为如此，大家还送给我一个雅号"空中花卉"。我的兄弟姐妹很多，有金边吊兰、银边吊兰等。我们不仅可以装点居室，根和叶还可以发挥药用价值呢！

姓 名	吊兰	最喜欢的土壤	透气、排水的沙质土壤
别 名	垂盆草、桂兰、折鹤兰	最喜欢的生长温度	20～24℃
科 属	百合科吊兰属	最讨厌的害虫	蚜虫、叶螨
祖 籍	南非	最害怕的病	根腐病

✻ 漂亮花卉种出来 ✻

扦插和分株是栽种吊兰最常用的方法。扦插时，我们可以割取一段长有新芽的茎，然后把它插入湿润的土壤中，等长出根后栽入花盆即可。

分株时，我们要用小刀将老根分割成几株，每株上带三个茎，把它们分别栽入花盆即可。或者，我们可以直接割取茎上簇生的枝叶，将它栽入花盆，这样也能长成新的吊兰。

✻ 健康花卉养出来 ✻

浇水
吊兰喜欢湿润的土壤，尤其在夏季，我们要及时给它浇水，还可以喷洒叶片，这样还可以保持吊兰的清洁。

施肥
为了让吊兰长得旺盛，我们在春、夏两季要每隔半月给它施一次肥，秋、冬季节则可以减少肥量。

光照
吊兰喜欢生活在半阴凉的环境中，我们要避免将它放在阳光下直晒，以免叶子枯萎。不过冬天的时候，我们要适当让它接受光照，这样可以使叶片保持新绿。

修剪
我们要将吊兰的黄叶、老枝等修剪掉，让吊兰保持整洁的外形。

花卉功能卡
把吊兰喻为天然的"空气净化器"再贴切不过了，它能够清除空气中的甲醛、一氧化碳等有害气体，为我们营造健康的生活环境。

花卉摆放寓意
书房恬淡雅致，在书柜顶或书桌上悬挂一盆吊兰，不仅能增添些许诗情画意，还可以舒缓精神压力。可以说，吊兰是书房里的一"宝"，给我们带来身心的双重健康。

米 兰

❀ 花卉小档案 ❀

姓 名	米兰
别 名	树兰、米仔兰
科 属	楝科米仔兰属
祖 籍	亚洲南部
最喜欢的土壤	疏松、肥沃的微酸性土壤
最喜欢的生长温度	20～35℃
最讨厌的害虫	蚜虫、叶螨、介壳虫
最害怕的病	叶斑病、炭疽病、煤污病

自我介绍：我是一种常绿灌木或小乔木。千万不要误会，我可不是世界地图上的意大利城市哦！我的花和叶子都具有观赏性，我的花是黄色的，虽然比较小，但是带有沁人心脾的清香。相信你见到我，一定会非常喜欢的！

❀ 漂亮花卉种出来 ❀

扦插是栽种米兰最常用的方法。采取扦插法时，我们最好挑选高湿、高温的环境，这样米兰的成活率更高。选取一段10厘米左右的新枝，带上2～3片叶子，然后将它插入湿润的河沙中，当枝条长出根后移栽到花盆即可。

❀ 健康花卉养出来 ❀

浇水

给米兰浇水，我们要视情况而定。保证它在高温、干燥的天气有充足的水分，在低温的天气不会出现积水现象。

施肥

在米兰生长期间，我们要每隔半月给它施一次氮肥，在开花期，则要施磷肥，这样花会开得更茂盛。

光照

米兰喜欢阳光充足的地方，我们要将它放在书房的阳光地带，不过夏天要注意遮挡强烈的光照。

修剪

为了保持米兰的美观性,我们要修剪残枝、病枝。如果米兰长得过于密集,我们要剪掉多余的枝叶。

花卉功能卡

米兰花开放时会散发出宜人的香气,不仅能调节神经,还可以驱除蚊虫,让空气更清新。

花卉摆放寓意

米兰清新淡雅,符合书房恬静的书香气质。绿色的叶搭配黄色的花,代表"金玉祥和",为家庭营造幸福的氛围。另外,米兰还象征"勇敢、激情",能够激发我们的雄心壮志,让我们在学业、事业的道路上勇往直前。

常春藤

❀ 花卉小档案 ❀

姓　　名	常春藤
别　　名	长春藤、土鼓藤
科　　属	五加科常春藤属
祖　　籍	欧洲、亚洲、北非
最喜欢的土壤	疏松、富含有机质的土壤
最喜欢的生长温度	20～25℃
最讨厌的害虫	红蜘蛛、介壳虫、卷叶蛾虫
最害怕的病	炭疽病、叶斑病、根腐病

自我介绍: 我是一种常绿藤本植物,喜欢攀附在墙壁、岩石等物体上。我不仅可以绿化园林、庭院,还能装点住宅,在世界范围内颇具人气。我的兄弟姐妹不少,常见的有中华常春藤、日本常春藤、金心常春藤等。你知道吗?自古以来,我还是中医界的一份子,肩负着药用职责呢!

❀ 漂亮花卉种出来 ❀

栽种常春藤时我们常用扦插的方法。挑选一段长势好的嫩枝,将它放入水中浸泡,长出根后把它种在土壤中既可以了。此外,我们也可以采用压条法。选取一段强壮的枝条,将它牢牢固定在湿润的土壤表面,当茎节上长出根和新芽时,我们就把它剪下来,种在花盆中即可。

❀ 健康花卉养出来 ❀

浇水

当土壤变干时,我们要一次性浇透。这样可以避免土壤过潮而出现根部腐烂的现象。

施肥

在常春藤生长期间,我们要每月施一次肥,这样可以促进常春藤生长。进入冬季后则要停止施肥。

☀ 光照

常春藤喜欢阳光,但是也比较耐阴,我们可以将它放在书房的窗台上,这样可以长得更旺盛。

✂ 修剪

在常春藤生长期间,我们要适时地摘心,以便促进侧枝的生长,这样可以让常春藤看起来更美观。

花卉功能卡

常春藤能够吸附空气中的苯、甲醛等有害气体,还能净化二手烟雾,为我们创造更健康的室内环境。

花卉摆放寓意

正如它的名字,常春藤象征着"春天常驻",有"天长地久、忠诚"等寓意。它给人以希望,摆放在书房中能够促进学业进步、事业更上一层楼,并将这种好运一直保持下去。

变叶木

❀ 花卉小档案 ❀

姓　　名	变叶木
别　　名	变色月桂、洒金榕
科　　属	大戟科变叶木属
祖　　籍	东南亚、澳大利亚
最喜欢的土壤	肥沃、保水性强的黏质土壤
最喜欢的生长温度	20～30℃
最讨厌的害虫	介壳虫、红蜘蛛
最害怕的病	黑霉病、炭疽病

自我介绍：我是一种常绿灌木。我的叶子含有丰富的花青素，经常呈现绿、黄、红、橙等多种颜色，而且还带有漂亮的斑点和斑纹，就好像有人在我身上泼洒了一片彩墨似的，所以大家也叫我"洒金榕"。我有120多个兄弟姐妹，如"飞燕、细黄卷、鸿爪、柳叶"等，我们还可以互相嫁接，这样看起来更加美观。

❀ 漂亮花卉种出来 ❀

栽种变叶木，我们可以采取播种、扦插两种方法。播种前，我们可以先把种子放在30℃左右的温水中浸泡一天左右，再播种到土壤中，这样能促进种子发芽。扦插时，我们要选择粗壮的嫩枝，枝条上最少保留3个叶节，然后将枝条插入湿润的沙床中，等长出根后移栽到花盆中即可。

❀ 健康花卉养出来 ❀

浇水

变叶木喜欢湿润的土壤，4～8月是它生长的旺盛时期，这时我们要经常给它浇水，并喷洒叶片，但是不要积水。

施肥

在变叶木生长期间，我们要每隔一个月给它施一次肥料，这样可以促进生长。

光照

变叶木喜欢阳光，我们可以把它摆放在书房的窗台，让它接受充足的光照。这样可以避免叶片脱落。

✂ 修剪

为了让变叶木保持良好的株型,我们要及时将病叶、残叶、多余的枝条剪掉。

花卉功能卡

变叶木外形美观,让人百看不厌,能够使我们在疲劳的时候放松身心。

花卉摆放寓意

变叶木色彩斑斓,摆放在书房能够增添一丝灵动和诗情画意,使房间的氛围变得轻松,有助于激发我们的灵感,在学习和工作方面有所创新。

君子兰

❋ 花卉小档案 ❋

姓　　名	君子兰
别　　名	大花君子兰、剑叶石蒜
科　　属	石蒜科君子兰属
祖　　籍	南非
最喜欢的土壤	肥沃、排水好的土壤
最喜欢的生长温度	15~25℃
最讨厌的害虫	介壳虫、蚯蚓
最害怕的病	白绢病、软腐病、炭疽病

自我介绍:我是一种多年生草本植物。春、冬两季是我开花的季节,我的花期可以持续50天左右。虽然我的花没有牡丹富贵,花香没有茉莉浓郁,但是我有修长如剑的绿叶、清新脱俗的花朵,这两点足以使我成为人们喜爱的花卉。

❋ 漂亮花卉种出来 ❋

我们可以采取播种和分株的方法来种植君子兰。为了提高种子的发芽率,我们可以把它放在30℃左右的温水中浸泡半小时,再晾2小时左右,然后种在湿润的土壤中,大约半个月种子就会发芽。分株种植时,用小刀将君子兰基部的新芽割下来，在伤口抹上木炭粉，然后把新芽种在土壤中就可以了。

❋ 健康花卉养出来 ❋

 浇水

君子兰的根会贮藏一些水分，平时如果土壤变干，我们要一次性浇透，不要让君子兰处于干旱或积水状态。

 施肥

在君子兰生长期间，我们要每个半月施一次肥，这样有助于促进君子兰生长。

 光照

君子兰不喜欢长期生活在阳光下，平时我们可以把它放在书房明亮的地方，适当的时候让它晒一晒太阳。

✂ **修剪**

如果发现君子兰长有病叶、黄叶，我们要用剪刀将生病、枯黄的部位剪下来，为了保持美观，我们可以把它剪成叶片的形状。

 花卉功能卡

白天，君子兰能够吸收大量二氧化碳、释放充足的氧气，而且它还可以净化室内的烟雾，保持空气清新。

 花卉摆放寓意

如果用一个词来形容君子兰，那么"温文尔雅"再适合不过了。就如它的名字一般，君子兰清新脱俗，犹如文质彬彬的君子书生，"谦和有礼、威武不屈"，摆放在书房既能提升房间的品位，还可以突显主人的文雅气质，时刻勉励我们孜孜不倦地学习。

长春花

❀ 花卉小档案 ❀

自我介绍： 我是一种多年生草本植物。花色多样，常见的有红、紫、粉、白、黄等。别看我的花朵比较小，但是数量很多，而且开花时间长，可以从春天一直开放到秋天，正因为如此，人们还给我起了"日日春"这个名字。需要注意的是，大家千万不要随便折损我的枝叶，因为我会流出有毒的白色乳汁，要是不小心吃到嘴巴里就糟糕了！

姓　　名	长春花	最喜欢的土壤	肥沃、排水好的土壤
别　　名	日日春、时钟花、四时春	最喜欢的生长温度	18～24℃
科　　属	夹竹桃科长春花属	最讨厌的害虫	蚜虫、红蜘蛛、茶蛾
祖　　籍	地中海沿岸地区、印度、热带美洲	最害怕的病	猝倒病、灰霉病

❀ 漂亮花卉种出来 ❀

　　播种和扦插是种植长春花比较常用的方法。温暖的春季是播种的最佳时节，只要我们把温度控制在18～24℃之间，大约20天之后种子就会发芽。这个时期也适合扦插，我们要选取一段粗壮的嫩枝，保留2～3片叶子，然后把它插在湿润的土壤中即可。

❀ 健康花卉养出来 ❀

浇水

　　长春花对水分的要求不高，如果发现土壤变干，我们要一次性浇透。不要过于频繁地浇水，以免出现积水现象。

施肥

　　在长春花生长期间，我们需要每隔半月施一次肥，这样还可以让长春花长得更旺盛。在冬天，则可以适当减少肥量或者停止施肥。

光照

长春花喜欢温暖的阳光,我们要把它摆放在容易照到阳光的地方,这样可以避免枝叶徒长。

 修剪

当长春花长出4对左右真叶时,我们要给它摘心,这样能促进侧枝生长,让长春花长得更繁茂。

花卉功能卡

长春花长势茂盛,一方面可以净化室内空气,另一方面可以过滤强烈的阳光,为我们创造舒适的书房环境。

花卉摆放寓意

长春花朝气蓬勃、花繁叶茂,有"青春常在、快乐"等意思,可以为书房注入新鲜的活力,有助于激发头脑的想象力,让学习、工作变得轻松、得心应手。

茉莉花

❋ 花卉小档案 ❋

姓　　名	茉莉花
别　　名	没利、抹厉、香魂
科　　属	木犀科茉莉花属
祖　　籍	印度、中国南部
最喜欢的土壤	富含腐殖质的微酸性沙质土壤
最喜欢的生长温度	22~35℃
最讨厌的害虫	卷叶蛾、红蜘蛛
最害怕的病	白绢病、炭疽病、叶斑病、煤污病

自我介绍: 我是一种常绿小灌木。一首《茉莉花》传唱大江南北,相信大家对我一定不陌生。我的花洁白芬芳,不仅有极高的观赏价值,还可以用于保健、美容、食用。自古以来,就有不少文人墨客为我撰文,使我的影响力更加广泛。我的足迹遍及世界各地,品种多样,深受世界人民喜爱。

❋ 漂亮花卉种出来 ❋

种植茉莉花,我们常采取扦插、压条两种方法。扦插时,我们要选取粗壮的嫩枝,保留4~5个节,在顶端留下一对叶片,然后将它插入沙床中,等根须长出后移栽到花盆中即可。

压条时,我们要选择比较长的枝条,用小刀将它的节下划一道伤口,让后压入湿润的沙泥中,长出根后将枝条割下来,栽入花盆就可以了。

❋ 健康花卉养出来 ❋

浇水

夏天是茉莉花生长的旺季,这时我们要及时给它浇水,保持土壤的水分。但是不要造成积水现象。

施肥

在花蕾生长期,我们要每隔3天给茉莉花施一次磷肥,这样可以促进花开。进入8月后期,我们要减少施肥次数,改为半月一次,到了10月份就可以停止施肥了。

光照

茉莉花喜欢温暖的生长环境,我们可以把它放在书房的窗户边,接受充足的日照。如果书房光照有限,我们要适时将它搬到阳光下晒一晒,这样茉莉花才会长得更茂盛。

修剪

为了让茉莉花保持良好的形态,我们要将它的枯枝、病枝、老叶以及过密的枝条修剪掉。

花卉功能卡

茉莉花的香气宜人,不仅能清除室内的异味,还可以起到杀菌消毒的作用,减少呼吸道疾病的发生。

花卉摆放寓意

清净、雅致是书房的特点,而茉莉花花朵素雅、香气宜人,正好与书房相得益彰。它能为书房增添诗情画意,营造舒适的学习、工作氛围,还有助于培养主人的高雅气质,是不可多得的观赏花卉。

马蹄莲

❋ 花卉小档案 ❋

自我介绍：我是一种多年生草本植物。虽然我是近年来新兴起来的花卉，不过凭借自身的优势，我的前景将十分广阔。我的花朵大而洁白，形状好像马蹄，所以大家称我为"马蹄莲"。其实我的花朵不只是白色，还有黄色、红色等。无论是在国内，还是在国外，我都是重要的切花花卉，具有非常高的人气呢！

姓　名	马蹄莲	最喜欢的土壤	疏松、富含腐殖质的黏质土壤
别　名	慈菇花、水芋马	最喜欢的生长温度	20℃左右
科　属	天南星科马蹄莲属	最讨厌的害虫	蓟马、蚜虫
祖　籍	埃及、非洲南部	最害怕的病	根腐病、叶斑病

❋ 漂亮花卉种出来 ❋

我们可以采用分株法来种植马蹄莲，这种方法成活率比较高。用小刀将母株根部的萌芽割下来，在花盆中摆放整齐，然后盖上土壤、浇足水就可以了。

❋ 健康花卉养出来 ❋

浇水

在马蹄莲发芽之前，我们要保持土壤湿润。随着花苗长大，我们要掌握好浇水量，既要满足生长需要，又要避免积水。当马蹄莲进入休眠期，叶片开始变黄枯萎时，我们就可以减少浇水量了。

施肥

马蹄莲在生长期间需要充足的养分，我们要每个半月施一次肥。当它进入开花期，要施一些磷肥，这样可以促进开花。

光照

马蹄莲在长叶子的时候要有充足的光照，这样才能长得更茂盛。冬天时，如果室内光照不足,我们要适时地将它搬到阳光下。

✂ 修剪

马蹄莲长得繁茂时,我们要注意修剪老叶,以便促进花梗的生长。

花卉功能卡

　　马蹄莲是一种观赏价值很高的花卉,它可以改善室内干燥的环境,营造清新的生活氛围。

花卉摆放寓意

　　看到马蹄莲,总会让人情不自禁地联想到"优雅、高贵",它清新亮丽的外表,能够提升书房的淡雅气息,还能体现主人的高贵气质。此外,马蹄莲还藏有"马到成功"的意味,有助于提升主人的学业、事业运。

四

阳台——朝气蓬勃的芬芳小花园

生活在大都市里，庭院渐渐成为一种难得的『奢侈品』，然而有一个地方却让我们重新融入了大自然，那就是阳台。在这里，我们可以养花种草，感受舒适的田园生活。而且，家里阳气最旺的地方也是阳台，经营好这块这『风水宝地』，我们就能享受更美好的生活。那么阳台适合种植什么样的花卉呢？我们的关键词就是——热情奔放、富有朝气的花卉。

月　季

❋ 花卉小档案 ❋

姓　名	月季
别　名	月月红、斗雪红
科　属	蔷薇科蔷薇属
祖　籍	北半球
最喜欢的土壤	富含有机质、排水好的微酸性沙质土壤
最喜欢的生长温度	15～25℃
最讨厌的害虫	蚜虫、卷叶蛾、刺蛾
最害怕的病	白粉病

自我介绍：我是一种落叶灌木，在花卉界有"花中皇后"之称。我的花颜色多样，常见的有红色、白色、黄色等。我不仅具有很高的观赏价值，还有显著的药用功能，我的花、叶、根都是天然的药材，能够消除肿痛、炎症等。此外，我还常被用来制作花篮，当做馈赠亲友的好礼物呢！

❋ 漂亮花卉种出来 ❋

种植月季，我们可以采用扦插法。当花朵即将凋谢时，我们用剪刀去除残花和靠近花的第一片叶子，等待几天，当枝条长得粗壮一些时，用小刀割取一段10厘米左右、带有3～4个叶节的枝条，然后插入水中，浸泡出根后栽入土壤即可。

❋ 健康花卉养出来 ❋

浇水

月季在生长期间需要摄取充足的水分，尤其是夏秋两季，如果土壤变干，我们要及时地将土壤一次性浇透。

施肥

在月季生长期间，我们需要每半月施一次肥。进入开花期后可以停止施肥，不过花谢后不要忘记追肥，这样才能满足月季的生长需要。

☀ 光照

月季喜欢阳光充足、空气流通的生长环境，阳台正好可以满足它的需求。不过在夏季，我们要适当遮挡强烈的光线。

 修剪

适时修剪有助于月季生长，当月季的叶子脱落，我们要将病枝、侧枝等剪掉；当花朵凋谢，我们要剪掉开花枝条的一半，这样可以促进新的花芽生长。

花卉功能卡

阳台空气流通频繁，而月季可以净化其中的氯化氢、二氧化氮、苯酚等有害气体，让清新的空气流入室内。

花卉摆放寓意

月季花有"热情、坚韧、崇高"等寓意，在民间，它还象征着"吉祥"。把它摆放在阳台，能够提升家庭的阳气，保护家人身体健康，有"旺宅"的效果。

玫 瑰

❋ 花卉小档案 ❋

姓　　名	玫瑰
别　　名	刺玫花、徘徊花
科　　属	蔷薇科蔷薇属
祖　　籍	亚洲东部地区
最喜欢的土壤	肥沃的沙质土壤
最喜欢的生长温度	15～25℃
最讨厌的害虫	蚜虫、夜蛾、金龟子、小地虎
最害怕的病	锈病

自我介绍：我是一种落叶灌木。许多人都认识我，因为我经常被拿来象征爱情。虽然我长着尖刺，但是这丝毫不影响人们对我的喜爱。我不仅具有极高的观赏价值，还有食用、美容等功能。你知道吗？从我身体里提炼出来的玫瑰油甚至比黄金还宝贵，所以人们还送了我一个雅号"金花"。

❋ 漂亮花卉种出来 ❋

我们可以用分株法来种植玫瑰。在春天或者秋天，挑选长势好的玫瑰，按照它根部的走势，将它分成几株，分别种入花盆即可。此外，我们还可以扦插。从长势旺盛的玫瑰树上选取一段20厘米左右长度的嫩枝，插入湿润的土壤中就可以了。

❋ 健康花卉养出来 ❋

 浇水

种养玫瑰不需要频繁浇水，当土壤变干时一次性浇透即可。虽然玫瑰比较耐旱，但是在干燥、高温的季节不要让它过分干旱。

 施肥

玫瑰喜欢充足的养分，在发芽的时候，我们要施一次肥。在它生长过程中，我们要每隔半月施一次肥。花谢后以及进入冬季时，各追一次肥，这样能促进第二年生长开花。

 光照

玫瑰喜欢光照，如果长期在背光的地方生长，会导致发育不良。所以它非常适合在阳光充足的阳台生活。

 修剪

适时修剪有助于月季生长，当月季的叶子脱落，我们要将病枝、侧枝等剪掉；当花朵凋谢，我们要剪掉开花枝条的一半，这样可以促进新的花芽生长。

花卉功能卡

玫瑰不仅好看，而且实用。一方面它能将空气中的氯气、氟化氢等有害气体清除，另一方面它可以食用，有理气、活血、美容养颜的功效。

花卉摆放寓意

玫瑰不仅象征"爱情"，还有"幸福、吉祥"的含义。它本身长有花刺，摆放在阳台，能够化解空气中的"煞气"，一方面可以增进爱人之间的感情，另一方面还能为家庭营造更加温馨美满的生活环境呢！

菊 花

❋ 花卉小档案 ❋

姓　　名	菊花
别　　名	寿客、金英、黄华
科　　属	菊科菊属
祖　　籍	中国
最喜欢的土壤	疏松、富含腐殖质、排水好的土壤
最喜欢的生长温度	18~21℃
最讨厌的害虫	蚜虫、线虫
最害怕的病	白粉病、灰霉病

自我介绍：我是一种多年生草本植物。我在中国的栽培历史可以追溯到三千多年前，是中国十大名花中的一员。我的颜色、形态多样，古人对我非常喜爱，在宋朝的时候，还为我举办了每年一次的菊花盛会。而且许多古今中外的文人墨客对我赞赏有加，写下了许多传世名篇呢！

❋ 漂亮花卉种出来 ❋

种植菊花，我们可以通过扦插和分株。春天的时候，我们从菊花的植株上选取一段10厘米左右的嫩枝，只在上部留下2对叶片，然后将它插在湿润的土壤中，等根长出来就可以移栽到花盆中了。分株的方法比较简单，将母根挖出来，分成几株，分别种在花盆中即可。

❋ 健康花卉养出来 ❋

浇水

夏季，菊花需水量比较大，我们要及时给它补充水分。到秋末冬初时，则要逐渐减少浇水量。

施肥

在菊花生长期间，我们要每隔一周施一些氮肥。当菊花开始孕育花蕾，我们要改施磷、钾肥，这样可以促进开花。

光照

菊花喜欢温暖的阳光，平时我们要让它接受一定的光照。不过夏季的阳光过于强烈，我们要为菊花做好遮阴措施。

 修剪

在菊花生长过程中，我们要给它摘一次心，这样能促进侧枝生长。如果花芽长得太密，我们也将侧芽修剪掉，留下主蕾。

 花卉功能卡

菊花能够净化空气中的苯，使室内环境保持清新。另外它有良好的保健功效，可以清肝明目、解毒。

 花卉摆放寓意

自古以来，菊花就是"吉祥、长寿"的象征，摆放在阳光充足的阳台，既可以增添一抹诗情画意，还能提升家庭整体的运势，并为家人带来健康，是不可多得的吉祥花卉。

鸡冠花

❋ 花卉小档案 ❋

姓　　名	鸡冠花
别　　名	鸡髻花、老来红
科　　属	苋科青葙属
祖　　籍	非洲、美洲热带、印度
最喜欢的土壤	肥沃、疏松、排水性好的沙质土壤
最喜欢的生长温度	20～30℃
最讨厌的害虫	小造桥虫
最害怕的病	根腐病

自我介绍：我是一种一年生草本植物。大家之所以叫我"鸡冠花"，是因为我的花朵长得很像大公鸡的鸡冠。除了火红色，我的花还有紫红、金黄、橙红等多种色彩。你知道吗？我不仅可以用来观赏，还可以吃呢！我的花、叶、种子含有丰富的氨基酸，做成美食风味独特，深受人们喜爱。

❀ 漂亮花卉种出来 ❀

栽种鸡冠花最常用的方法就是播种。鸡冠花的种子比较小,在播种的时候我们可以混一些沙土,然后把种子均匀地撒在花盆中,再覆盖一层薄薄的土壤,最后浇足水分既可以了。

❀ 健康花卉养出来 ❀

浇水
在种子发芽之前,我们要保持土壤湿润。在鸡冠花生长期间,如果土壤变干,我们要一次性浇透。

施肥
在鸡冠花盛开之前,我们要施一些磷钾肥,这样花朵会开得更漂亮。当鸡冠花成型,我们要每隔半月给它施一次肥,以促进花朵生长。

光照
鸡冠花喜欢光照,我们要把它放在阳台容易照到日光的地方。不过夏天要适当遮阳,以免强烈的日光将鸡冠花灼伤。

修剪
当鸡冠花还是幼苗的时候,我们要将它的腋芽修剪掉,这样能促进其生长。

花卉功能卡
鸡冠花有两大功能,一个是可以吸收放射性元素,另一个就是强身健体,使我们保持身体健康。

花卉摆放寓意
鸡冠花生性喜阳,而且长得红红火火,摆放在阳台能够提升住宅的风水,使旺盛的阳气融入家庭的荫蔽角落,营造出更加幸福美满的家庭氛围,而且还能为家人带来健康呢!

仙人掌

❋ 花卉小档案 ❋

自我介绍：我是一种肉质多年生植物。别看我浑身长满尖刺，看起来凶神恶煞似的，其实我也有"温柔"的一面，那就是我会开出美丽的花朵，而且在我的家族中，有些品种还可以食用。此外，我的生命力极其顽强，这一点也是让我受到人们喜爱的主要原因之一。在墨西哥，我还是万人瞩目的国花呢！

姓　　名	仙人掌	最喜欢的土壤	透气、排水、含有石灰质的沙质土壤
别　　名	仙巴掌、火掌	最喜欢的生长温度	20～30℃
科　　属	仙人掌科仙人掌属	最讨厌的害虫	蝗虫、红蜘蛛、介壳虫
祖　　籍	南非、南北美洲、亚洲热带地区	最害怕的病	锈病

❋ 漂亮花卉种出来 ❋

仙人掌的种植方法非常简单，我们最常用的就是扦插。从长势旺盛的仙人掌上选取一段茎叶，把它放在阴凉的地方晾3天左右，等伤口自然风干后，把它插入湿润的土壤中，大约1个月左右它就能长出根来了。

❋ 健康花卉养出来 ❋

 浇水

仙人掌非常耐旱，我们不需要经常给它浇水，在春季，每隔半月浇一次即可，夏季蒸发量大，可以一周浇一次水。

施肥

为了让仙人掌长得更旺盛，我们要每个20天左右给它施一次肥。在开花之前，主要施磷肥，这样能促进花朵生长。到了秋冬季节，就可以停止施肥了。

 光照

仙人掌喜欢阳光，非常适合在阳台生长。冬季搬入室内后，我们要把它放在阳光可以照射到的地方。

✂ 修剪

当仙人掌出现烂根或者发生病害时，我们要及时将腐坏的部分剪掉。

花卉功能卡

仙人掌是一座天然的"氧吧"，无论白天黑夜，它都能将二氧化碳转化为新鲜的氧气，而且它还可以吸附空气中的灰尘呢！

花卉摆放寓意

仙人掌有"坚强、热情、安康"等美好的意义，它天生长有硬刺，民间认为能够消除"煞气"、辟邪，提升住宅的旺势。有仙人掌坐镇，家人就可以生活得更健康、长寿了！

蟹爪兰

❋ 花卉小档案 ❋

自我介绍：我是一种肉质植物。从外表看起来，我的茎叶很像螃蟹的腿，所以大家称呼我为"蟹爪兰"。我喜欢在冬天开花，时间正好和圣诞节差不多，所以西方国家的人民还将我称为"圣诞仙人掌"。我的花朵色彩鲜艳，常见的有红色、粉色、黄色、白色等，是冬季里一道亮丽的风景呢！

姓 名	蟹爪兰	最喜欢的土壤	肥沃、排水性好的土壤
别 名	蟹爪莲、圣诞仙人掌	最喜欢的生长温度	15~25℃
科 属	仙人掌科蟹爪兰属	最讨厌的害虫	介壳虫
祖 籍	巴西	最害怕的病	炭疽病、叶枯病、腐烂病

❋ 漂亮花卉种出来 ❋

扦插是栽培蟹爪兰常用的方法，最适合在春、秋季节进行。我们需要从长势旺盛的蟹爪兰上选取一段带有3~4个节的茎叶，等伤口自然风干后，将它插入潮湿的土壤中，大约一个月左右它就会生根。

❋ 健康花卉养出来 ❋

浇水

蟹爪兰比较耐旱，我们不用经常给它浇水。在生长旺盛的春、秋两季，每隔一周浇一次水就可以。夏天时，可以用水喷洒叶面。冬季时保持土壤偏干即可。

施肥

春天，我们要每隔10天左右为蟹爪兰施一次氮肥，在夏季以及开花期间停止施肥，到了秋天，每隔10天左右给它施一次磷肥，直到开花。当花朵凋谢后再施一次氮肥即可。

光照

蟹爪兰喜欢光照，但是不喜欢在阳光下暴晒。所以在夏季要做好防晒措施。

修剪

当蟹爪兰过了开花期后，我们要及时修剪残花、老叶以及过密的枝条。当它长出4~5个新节后，要去掉两个，这样可以促进蟹爪兰生长。

花卉功能卡

蟹爪兰不仅好看，而且能够抗辐射、净化空气，为我们营造健康的生活环境。

花卉摆放寓意

蟹爪兰象征着"鸿运当头、运转乾坤"，它花繁叶茂，给人"热情、喜庆、快乐"等感觉。在阳台上摆放蟹爪兰，相当于锦上添花。

天竺葵

❋ 花卉小档案 ❋

姓　　名	天竺葵
别　　名	洋绣球
科　　属	牻牛儿苗科天竺葵属
祖　　籍	南非
最喜欢的土壤	富含腐殖质的沙质土壤
最喜欢的生长温度	10～25℃
最讨厌的害虫	红蜘蛛、白粉虱
最害怕的病	叶斑病、灰霉病

自我介绍：我是一种多年生草本植物。我的花朵小而密集，簇拥在一起好像一只球，所以大家还喜欢叫我"洋绣球"。我的花有红、粉、白、紫等多种颜色，花期可以从初冬一直延续到第二年夏初，无论是装饰房间还是装点花坛，都非常适合。

❋ 漂亮花卉种出来 ❋

天竺葵最常用的栽培方法就是扦插。在春季或秋季，我们可以从长势旺盛的天竺葵上选取一段10厘米左右的枝条，将它放入水中浸泡，等须根长出来后栽入花盆就可以了。也可以将枝条放在阴凉的地方晾1天，然后将它插入湿润的沙床中即可。

❋ 健康花卉养出来 ❋

浇水

天竺葵比较耐旱，不喜欢潮湿的生长环境，当土壤变干时一次性浇透即可。夏天可以喷洒叶面，不要经常浇水。

施肥

在天竺葵生长期间，我们要每隔1周给它施一次肥。当花芽长出后，我们要每半月施一次磷肥。在夏季则要停止施肥。

光照

天竺葵是喜欢光照的花卉，我们要把它放在阳台上能照到阳光的地方。不过在夏季，我们要为天竺葵适当遮阳。

 修剪

当天竺葵长到10厘米左右高度时，我们要给它摘心，以便促进侧枝生长。花朵凋谢后，要及时剪除残花、败枝，这样既能保持良好的株形，又可以促进新枝生长。

花卉功能卡

天竺葵天生带有香气，不仅能够起到提神醒脑的作用，还可以驱除蚊虫，让我们免受蚊虫侵扰。

花卉摆放寓意

用"花团锦簇"来形容天竺葵再贴切不过了，它的花朵总会带给人们"喜庆、安乐"的感觉，既为阳台增添了一抹亮丽的色彩，又能够促进家庭和睦、安康，是非常不错的观赏花卉。

薰衣草

✱ 花卉小档案 ✱

姓　　名	薰衣草
别　　名	灵香草、香水植物
科　　属	唇形科薰衣草属
祖　　籍	地中海沿岸、欧洲、大洋洲
最喜欢的土壤	排水性好的微碱性或中性沙质土壤
最喜欢的生长温度	15～25℃
最讨厌的害虫	红蜘蛛、蚜虫
最害怕的病	根腐病

自我介绍：我是一种多年生草本植物。早在罗马时代，我就已经成为很普遍的香草了。我功效非常多，可以美容养颜、消毒杀菌、健胃、止痛等，因此人们送给我一个雅号"芳香药草"，还把我尊称为"香草之后"呢！

❋ 漂亮花卉种出来 ❋

我们可以用播种的方法来种植薰衣草。在播种之前,我们可以将种子放在温水中浸泡12个小时,这样能提高发芽率,再将它撒入土壤,覆盖一层薄土即可。

此外,我们还可以扦插。从长势旺盛的薰衣草上选取一段10厘米左右的枝条,然后将它插入湿润的土壤中,大约40天左右就会长出根。

❋ 健康花卉养出来 ❋

浇水

薰衣草讨厌土壤积水,在土壤变干时一次性浇透就可以。浇水时要避开叶子、花朵,以免滋生病虫害。

施肥

不要给薰衣草施太多肥,这样会让香味变淡。一般来说,每隔一个月施一次肥即可。生长期在1~2年之间的薰衣草,要施磷钾肥,3年以上的要以氮肥、磷肥为主。

光照

薰衣草是喜光花卉,非常适合生长在阳光充足的阳台。不过夏季时要避开强烈的光照,以免被灼伤。

修剪

当薰衣草花期过后,我们要将它剪掉1/3的高度,同时去掉枯萎的枝条。修剪时要避开木质化的部分,这样不容易导致植株死亡。

花卉功能卡

薰衣草天生带有沁人心脾的香气,这种香气不仅可以杀菌消毒、驱赶蚊虫,还能净化空气中的尼古丁成分,为我们带来健康的身心。

花卉摆放寓意

相信许多人对薰衣草的花语并不陌生,那就是"等待爱情"。它独特的幽香可以随着阳台流动的空气进入室内,将甜美的爱意传到给爱人,有助于促进爱人之间的感情。另外,这种香气还可以改善失眠,为家人带来健康。

金鱼草

✽ 花卉小档案 ✽

姓　　名	金鱼草
别　　名	龙头花、狮子花
科　　属	玄参科、金鱼草属
祖　　籍	地中海地区
最喜欢的土壤	肥沃、排水性好的土壤
最喜欢的生长温度	10～22℃
最讨厌的害虫	蚜虫、红蜘蛛、白粉虱、蓟马
最害怕的病	茎腐病、灰霉病、叶枯病

自我介绍：我是一种多年生草本植物，具有很高的观赏价值。我的花朵颜色多彩，常见的有白色、红色、黄色等。人们常用我来装点住宅、布置花坛，最近几年又把我运用于切花。随着生产的需要，我的用途也越来越广泛了。

✽ 漂亮花卉种出来 ✽

栽种金鱼草最常用的方法有播种和扦插。金鱼草的种子比较小，播种时我们可以掺一些沙土，这样播撒得更均匀，在种子上覆盖一层薄土，浇足水分即可。扦插时，我们要选取一段6厘米左右的嫩枝，然后将它的一半插入湿润的沙土中，等它长出根就可以移栽到花盆中了。

✽ 健康花卉养出来 ✽

浇水

在金鱼草生长期间，我们要保持土壤湿润，尤其是夏季，不要等到土壤板结再浇。

🪴施肥

为了让金鱼草长得更好，我们要每隔半月给它施一次氮钾肥，在蕴育花蕾的时候，则要施一些磷肥，以便促进花朵生长。

☀光照

金鱼草喜欢温暖的阳光，但是不耐高温，在炎热的夏季，我们要做好遮阳措施，以防金鱼草被晒伤。

 修剪

当金鱼草的高度达到10厘米左右时，我们要给它摘心，这样能促进侧枝生长。如果发现病枝、老枝，要及时修剪，同时将开过花和过于密集的枝条剪除，以便促进新枝生长。

花卉功能卡

金鱼草可以吸收空气中的二氧化碳，释放新鲜的氧气，它的种子还可以用来榨油，功效可以和橄榄油媲美。

花卉摆放寓意

金鱼草颜色绚丽多彩，不同的颜色具有不同的象征意义，比如红色象征"鸿运当头"，黄色象征"金银满堂"等。把它摆放在阳台，不仅能增添室内的热闹氛围，还可以为家庭带来好运呢！

鸢尾花

✱ 花卉小档案 ✱

姓　　名	鸢尾花
别　　名	蓝蝴蝶、扁竹花
科　　属	鸢尾科鸢尾属
祖　　籍	中国中部地区、日本
最喜欢的土壤	保湿性好、排水性好的沙质土壤
最喜欢的生长温度	15～17℃
最讨厌的害虫	线虫
最害怕的病	白绢病、锈病、叶斑病、软腐病

自我介绍： 我是一种多年生草本植物。在希腊语中，我的名字有"彩虹"的意思，这是因为我的花朵颜色多样，有红、橙、紫、蓝等，如同彩虹一般。我的花朵形状很像鸢尾，又想美丽的彩蝶，因此大家称呼我为"鸢尾花"、"蓝蝴蝶"。除了观赏，我还具有一定的药用功效，这使得我的人气更加旺了！

❀ 漂亮花卉种出来 ❀

鸢尾花最常用的栽培方法是分株。春、秋两季是分株栽培的好时机,这时我们要将粗壮的根茎分割成几株,每株上带有2~3个芽,然后将它们分别栽入花盆中就可以了。

❀ 健康花卉养出来 ❀

浇水

鸢尾花在生长期间需要充足的水分,我们要保持土壤湿润。当它进入冬季休眠期,则要适当减少浇水量。

施肥

鸢尾花对盐很敏感,在栽种前最好不要用非有机肥料,以免影响鸢尾花生长。平时我们不需要经常给它施肥,只要在春季施一次就可以了。

光照

鸢尾花既喜欢温暖的阳光又耐阴,但是长期生长在阴暗处会影响生长。所以平时我们最好将它放在光照充足的阳台上种养。

修剪

鸢尾花不需要刻意修剪,我们只要将枯枝、黄叶除掉就可以。

花卉功能卡

鸢尾花不仅好看,而且能够消除水中的硝酸盐、亚硝酸盐等成分,起到净化水质的作用。

花卉摆放寓意

鸢尾花清丽可人,在我国有"鹏程万里、前途无量"等深刻的寓意。用它来装点阳台,不仅能让阳台的环境变得更优雅,还可以提升家庭的整体运势!

矮牵牛

❀ 花卉小档案 ❀

姓　　名	矮牵牛
别　　名	碧冬茄、毽子花、矮喇叭
科　　属	茄科碧冬茄属
祖　　籍	阿根廷
最喜欢的土壤	疏松、肥沃、排水好的沙质土壤
最喜欢的生长温度	13~18℃
最讨厌的害虫	蚜虫、菜蛾、卷叶蛾
最害怕的病	猝倒病、叶斑病

自我介绍：我是一种多年生草本植物。我的花朵个头大，而且颜色多样，常见的有红、白、粉、紫等，有的还带有斑点、条纹等图案，姹紫嫣红，漂亮极了。我不仅可以用来装饰家庭，还能美化街道，深受世界人民的喜爱。

❀ 漂亮花卉种出来 ❀

栽种矮牵牛最常用的方法有播种和扦插。它的种子比较小，播种时掺一些沙土，这样播撒比较均匀，最后覆盖一层薄土，浇足水分就可以了。扦插时，我们要从开过花的矮牵牛上选取一段10厘米左右的嫩枝，然后将它插入湿润的沙床，等根长出后就可以栽入花盆中了。

❀ 健康花卉养出来 ❀

 浇水

在矮牵牛生长期间，我们要根据土壤的干湿情况来浇水，一般来说，在土壤变干时一次性浇透即可。

施肥

在矮牵牛生长期间，我们要每隔10天左右施一次氮钾肥，这样能促进生长。

 光照

矮牵牛喜欢充足的阳光，非常适合在阳台生长。不过在炎热的夏季，要适当遮阳，以免矮牵牛被强烈的阳光灼伤。

修剪

矮牵牛长势旺盛，我们要将过于密集的枝叶剪掉，这样可以促进营养吸收，使矮牵牛长得更好。

花卉功能卡

矮牵牛不仅能够装点室内环境，还可以过滤阳光，释放新鲜的氧气，让我们的居住空间更加舒适。

花卉摆放寓意

矮牵牛花繁叶茂，很容易让人联想到"热闹、生命力旺盛"等，用它来装扮阳台，能够增加阳台的活力，为家庭注入新鲜气息，让原本沉闷、平淡的生活氛围变得朝气蓬勃。

紫藤花

✽ 花卉小档案 ✽

姓　　名	紫藤花
别　　名	朱藤、招藤、藤萝
科　　属	豆科紫藤属
祖　　籍	中国
最喜欢的土壤	土层深厚、排水好的土壤
最喜欢的生长温度	16～25℃
最讨厌的害虫	蜗牛、介壳虫、白粉虱
最害怕的病	软腐病、叶斑病

自我介绍：我是一种落叶攀援缠绕性大藤本植物。在民间，我深受人们欢迎，常常被用来美化庭院、走廊等，现在，我不仅在户外广受欢迎，在室内也具有很高的人气，我可以作为悬挂式盆景，放在高架、柜顶等地方，能为居室增添不少韵致呢！

❋ 漂亮花卉种出来 ❋

我们可以采用播种和扦插两种方法来种植紫藤花。在播种前，我们先把种子放入温水中浸泡1~2天，然后在花盆中挖一个小坑，将种子播撒进去即可。扦插时，我们要从紫藤树上选取一段15厘米左右的枝条，将它插入湿润的土壤，留下1/3长度在外面就可以了。

❋ 健康花卉养出来 ❋

浇水
紫藤耐旱能力比较强，在土壤变干时一次性浇透就可以，千万不要积水，这样会导致烂根。

施肥
紫藤花对养分的要求不高，在生长期间，我们只要每年施2~3次肥就可以。

光照
紫藤花喜欢充足的阳光，我们可以把它悬挂在阳台的棚架上，让它接受阳光的照耀。

修剪
紫藤花长势旺盛，我们平时要控制好的它的大小，及时修剪密集的枝条、弱枝。在花谢后，将生长在中间位置的枝条修剪一下，留下5个左右芽即可，这样能促进花芽生长。

花卉功能卡
紫藤花香气清新、花叶茂盛，一方面可以改善阳台的空气，另一方面可以过滤阳光，让阳台变得凉爽宜人。

花卉摆放寓意
紫藤花郁郁葱葱，摆放在阳台，为家庭带来欣欣向荣之意。紫藤花有"醉人的恋情"的花语，能够促进爱人之间的感情。此外，阳台的空气流通顺畅，能够把紫藤花的清香传送到住宅深处，为家庭增添更多的幸福气息。

迎春花

❋ 花卉小档案 ❋

自我介绍：我是一种落叶灌木。当其他花卉还在休眠时，我已经早早地盛开在料峭的风中，向人们宣告着春天的来临。因为不怕冷，人们还给我和梅花、水仙、山茶花起了一个雅致的名字，叫做"雪中四友"。当然，我最吸引人的地方还是秀丽的花朵，虽然花期不算太长，但是足以为平淡的初春增添些许亮色。

姓　名	迎春花	最喜欢的土壤	肥沃、湿润、排水性好的中性土壤
别　名	金腰带、串串金、迎春柳	最喜欢的生长温度	15℃左右
科　属	木犀科素馨属	最讨厌的害虫	蚜虫、大蓑蛾
祖　籍	中国	最害怕的病	花叶病、褐斑病、灰霉病

❋ 漂亮花卉种出来 ❋

迎春花最长用的栽培方法是扦插和压条。扦插时，我们要从迎春花树上选取一段半木质化的枝条，大约15厘米左右即可，然后将它插入湿润的沙土中即可。压条时，选取一段比较长的枝条，用湿润的沙土压起来，等根长出来后剪下来，移栽到花盆中即可。

❋ 健康花卉养出来 ❋

浇水

在迎春花生长期间，我们要适当浇水，在土壤变干时一次性浇透，这样可以避免积水。

施肥

在迎春花生长前期，我们需要每隔20天左右施一次肥。在花开之前，可以适当施一些磷肥，这样会让花朵开得更鲜艳。

光照

迎春花喜欢阳光，我们平时要把它放在阳光充足的地方，这样有助于成长。

 修剪

当迎春花凋谢后，我们要将所有的花枝剪短一些，这样能促进侧枝的生长。

花卉功能卡

迎春花花枝繁盛，能为阳台增添朝气。除了观赏，它的花、叶、嫩枝还具有良好的药用功效！

花卉摆放寓意

常言道"一年之计在于春"，迎春花盛开不仅会为住宅增添一道亮丽的风景，还象征着"新的开始"，为家庭带来新气象。有它来开春，家庭将会一整年都顺风顺水。

五

卧室——弥漫舒适温馨的生活气息

劳碌了一天，身体最想做的事情一定是放松，在住宅中，能让我们安心休憩的场所自然当属卧室了。它是我们的避风港，让我们的身心得到修养；它是我们的加油站，为我们注入新鲜活力。可以说，我们生命中的1/3时间都是在卧室中度过的。所以，卧室风水的好坏将直接影响我们的身心健康。那么，什么样的花卉适合在卧室种植呢？我们的关键词就是——素雅、健康的花卉。

绿 萝

❀ 花卉小档案 ❀

姓　　名	绿萝
别　　名	魔鬼藤、黄金葛、石柑子
科　　属	天南星科绿萝属
祖　　籍	印度尼西亚群岛
最喜欢的土壤	疏松、肥沃、排水好的土壤
最喜欢的生长温度	15～25℃
最讨厌的害虫	介壳虫
最害怕的病	根腐病、叶斑病

自我介绍：我是一种常绿藤本植物。我的叶子以绿色为主，上面还带有黄色的斑块，所以人们还将我成为"黄金葛"。我拥有发达的气根，缠绕能力很强，无论是挂在户外还是室内，都能起到非常好的美化作用，深受人们喜爱。

❀ 漂亮花卉种出来 ❀

栽种绿萝最长用的方法就是扦插。我们要从长势旺盛的绿萝上选取一段粗壮的枝条，大约20厘米即可，将它插入水中，浸泡出根后就可以移栽到花盆中了。

❀ 健康花卉养出来 ❀

 浇水

在夏季，我们要时刻保持土壤湿润，进入秋冬季节后，则要控制浇水量，以免造成烂根现象。

 施肥

在绿萝生长期间，我们要每隔1个月给它施一次肥。在冬季，则要适当减少肥量。

☀ **光照**

绿萝喜欢半阴的生长环境，适合在卧室生长。不过冬季的时候，我们要适时将它放在阳光下晒一晒，这样能促进生长。

修剪

绿萝生长速度很快，平时我们要及时修剪，将密集的枝条、老枝、黄叶等剪掉，这样能保持美观的外形。

花卉功能卡

绿萝的拿手本领就是净化空气，它能清除甲醛、氨气等有害物质，为我们营造清新的生活环境。此外，它还能抗辐射呢！

花卉摆放寓意

绿萝郁郁葱葱，常给人以生机勃勃、清新的感觉，把它摆放在卧室，能够增添健康活力，为家人带来舒适的生活。绿萝的花语是"一起守望幸福"，所以它还有利于促进爱人之间的感情，创造美满幸福的生活。

水 竹

❋ 花卉小档案 ❋

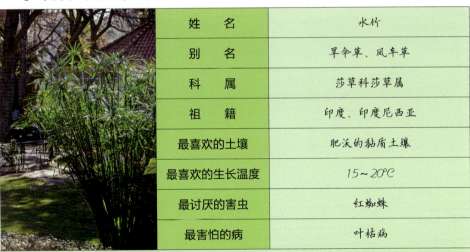

姓　　名	水竹
别　　名	旱伞草、风车草
科　　属	莎草科莎草属
祖　　籍	印度、印度尼西亚
最喜欢的土壤	肥沃的黏质土壤
最喜欢的生长温度	15～20℃
最讨厌的害虫	红蜘蛛
最害怕的病	叶枯病

自我介绍： 我是一种多年生常绿水生草本植物。别看我长得文文弱弱，其实我全身都是宝，不仅具有很高的观赏价值，还可以用作工业原料，此外还具有良好的药用价值。我的养护方法很简单，不需要精心管理就可以长得很好，所以大家都很喜欢选我做盆景呢！

❈ 漂亮花卉种出来 ❈

栽种水竹最长用的方法是分株。我们需要将茂密的水竹分成几丛,每丛带有5株左右的枝条,然后将它种在花盆中即可。要经常给它浇水,大约一个月左右就能长出新芽。

❈ 健康花卉养出来 ❈

浇水

如果是种在水里,我们要每隔半月给水竹换一次水,如果条件允许,我们可以用纯净水。要是使用自来水,则要先放置一段时间再用。如果是种在土中,我们要经常给水竹浇水,让土壤保持湿润。在夏季,我们还可以喷洒叶面。

施肥

水竹喜欢肥料,我们要每隔半月给它施一次肥,这样能促进生长。

☀ 光照

水竹不喜欢强烈的光照,我们平时要把它放在卧室半阴的地方,避开阳光直射。

✂ 修剪

如果发现水竹出现黄叶,我们要及时修剪,这样可以促进新枝叶的生长。

花卉功能卡

水竹能够增加空气湿度,改善干燥的室内环境。此外,它还可以净化水质,改善水环境呢!

花卉摆放寓意

水竹四季常绿,摆放在卧室能够营造一种四季如春的感觉。它文静、清新亮丽,不仅可以为房间增添些许雅致,还能提升主人的品位呢!此外,水竹在民间还有"风调雨顺"的象征意义。

雏 菊

❋ 花卉小档案 ❋

自我介绍：我一种多年生草本植物。大家之所以叫我"雏菊"，是因为我长得很像还没有成形的菊花。我的个头比较小，多在15～25厘米之间，不过这一点也不影响我的观赏价值。我的花朵有白、粉、红等多种色彩，花期能从3月持续到6月。你知道吗？我还有极高的药用价值呢！在意大利，我可是万人瞩目的国花哦！

姓 名	雏菊	最喜欢的土壤	富含腐殖质的土壤
别 名	长命菊、延命菊	最喜欢的生长温度	18～25℃
科 属	菊科雏菊属	最讨厌的害虫	蚜虫
祖 籍	欧洲	最害怕的病	灰霉病、炭疽病、猝倒病

❋ 漂亮花卉种出来 ❋

我们可以采用播种、扦插两种方法来种植雏菊。播种最适宜的季节在秋天，播种时，将种子均匀地撒在花盆中，然后覆盖一层薄薄的土壤，浇足水分就可以了。扦插时，我们要选取一段10厘米左右的粗壮枝条，然后将它的一半插入湿润的土壤中，大约半月之后就会长出根。

❋ 健康花卉养出来 ❋

浇水

雏菊不喜欢积水，我们只要在土壤变干时浇足水分即可。到了冬季，则要减少浇水量。

施肥

在雏菊生长期间，我们要每隔3周左右给它施一次肥，这样它会长得更加茂盛。

光照

雏菊喜欢温暖的阳光，我们可以把它摆放在卧室向阳的地方。不过夏天要避开强烈的阳光，以免雏菊枯萎。

修剪

平时我们要及时修剪徒长的枝叶，以便促进花蕾生长。要是发现雏菊长有黄叶，我们要将它除掉，保持雏菊美观的外形。

花卉功能卡

别看雏菊个儿小，它的本领可是不容小觑的，它能净化清洁剂产生的三氯乙烯，还可以消除空气中的二氧化硫，为我们营造健康的生活环境。

花卉摆放寓意

雏菊小巧可爱、生命力顽强，有"纯洁、希望、坚强、幸福"等美好的寓意。把它摆放在卧室，有助于提升家庭的温馨感，为家人带来快乐。

白 掌

❋ 花卉小档案 ❋

姓　　名	白掌
别　　名	苞叶芋、和平芋
科　　属	天南星科苞叶芋属
祖　　籍	哥伦比亚
最喜欢的土壤	疏松、排水性好的土壤
最喜欢的生长温度	20～28℃
最讨厌的害虫	介壳虫、红蜘蛛
最害怕的病	叶斑病、炭疽病

自我介绍：我是一种多年生常绿草本观叶植物。我的花朵大而白，看起来很像手掌，所以大家称我为"白掌"。20世纪初时，我开始被用于盆栽观赏，凭借独特的外形，很快在欧洲地区获得了旺盛的人气。到目前为止，我有将近30个兄弟姐妹，无论是什么样的品种，都很受大家喜爱呢！

❋ 漂亮花卉种出来 ❋

种植白掌，我们可以采用播种和分株两种方法。播种时，将种子撒入土壤，覆盖一层薄土，再浇足水分即可。分株时，我们要将母株的根茎分成几丛，每丛上带有3个以上的新芽，然后将它们分别栽入花盆就可以了。

❋ 健康花卉养出来 ❋

浇水

在白掌生长期间，我们要保持土壤湿润，在炎热的夏季，还可以喷洒叶面，这样可以避免叶片因缺水而枯萎。

施肥

白掌生长速度比较快，因此我们要每隔半月给它施一次肥，以满足白掌的生长需要。

☀**光照**

白掌不喜欢强烈的阳光，夏季时我们要做好遮阴措施，避免它被强光灼伤。在冬季则要适当让白掌晒晒太阳，这样可以避免植株枯萎。

✂**修剪**

如果发现白掌有黄叶、枯叶，我们要及时剪除，以保持整洁的外观。

花卉功能卡

白掌能够吸收空气中的苯、甲醛、氨气、丙酮、三氯乙烯等有害气体，还可以增加空气湿度，为我们营造健康的居住环境。

花卉摆放寓意

白掌外观高雅，在卧室摆放既能为房间增添雅致韵味，又有"祥和、康泰、纯洁"的象征意义，人们也常用它来表示"一帆风顺"。

佛甲草

❀ 花卉小档案 ❀

自我介绍：我是一种多年生草本植物。我的枝叶含水量非常高，既耐旱又降温，而且整齐美观，除了可以装饰室内住宅，还能绿化屋顶，所以我受到许多人的青睐。不仅如此，我还具有药用功效，被写进了医学药典里呢！

姓 名	佛甲草	最喜欢的土壤	透气性好的土壤
别 名	佛指甲、万年草	最喜欢的生长温度	耐低温、高温
科 属	景天科费菜属	最讨厌的害虫	很少有虫害
祖 籍	中国	最害怕的病	很少有病害

❀ 漂亮花卉种出来 ❀

我们可以通过播种、扦插两种方法来种植佛甲草。播种前先将土壤淋湿，然后将种子均匀地撒进去，覆盖一层细土就可以了。扦插时，我们要从长势旺盛的佛甲草上选取一段10厘米左右的枝条，然后将它插入湿润的土壤中即可。

❀ 健康花卉养出来 ❀

🪣 浇水

佛甲草非常耐旱，即使一个月不浇水也没关系。所以我们不需要经常给它浇水，一周浇一次即可。不过在佛甲草发芽之前，我们要保持土壤湿润。

施肥

佛甲草对肥料的要求不高，在生长期间施1~2次肥即可。

☀ 光照

佛甲草不惧怕强烈的阳光，我们可以把它放在卧室阳光充足的地方生长。

修剪

佛甲草长势旺盛，我们可以根据自己的喜好将佛甲草修剪成各种形状。

花卉功能卡

佛甲草是名副其实的"氧吧"，它释放的氧气比其他许多花卉要高出数十倍。除此之外，它还能除尘、降温，有效改善生活环境。

花卉摆放寓意

从健康方面来说，佛甲草有净化空气、调节室温的功效，能够为我们创造舒适的休息环境。

虎尾兰

✲ 花卉小档案 ✲

姓　名	虎尾兰
别　名	虎皮兰、锦兰
科　属	龙舌兰科虎尾兰属
祖　籍	非洲西部
最喜欢的土壤	疏松、富含腐殖质的沙质土壤
最喜欢的生长温度	18～27℃
最讨厌的害虫	矢尖蚧
最害怕的病	叶斑病、软腐病

自我介绍：我是一种多年生草本植物。我的叶片竖直生长，带有白绿相间的条纹，看起来好像老虎的尾巴一样，所以大家称呼我为"虎尾兰"。我兄弟姐妹不少，常见的有金边虎尾兰、银边虎尾兰、短叶虎尾兰等，由于我的适应能力很强、外型美观，所以受到了许多人的欢迎。

❋ 漂亮花卉种出来 ❋

扦插法和分株法是栽种虎尾兰最常用的方法。扦插时我们要从旺盛的虎尾兰上选取一段成熟的叶片,然后将它切成5厘米左右的小段,插入湿润的土壤中即可。分株时,我们要将母株的根茎分成几块,每块上带有3~4片叶子,然后将它们分别栽入花盆中,浇足水分就可以了。

❋ 健康花卉养出来 ❋

浇水
虎尾兰比较耐旱,当土壤变干时一次性浇透就可以。浇水时要避开叶丛,直接浇在土壤中,这样可以避免引起病害。

施肥
虎尾兰对肥料的要求不高,在生长期间,我们可以每隔1个月给它施一次肥。

光照
虎尾兰喜欢温暖的阳光,我们可以把它摆放在卧室的窗台上,接受阳光的照耀。但是在夏季要适当遮阳,避开强烈的光照。

修剪
当虎尾兰出现枯叶、老叶时,我们要及时修剪,以便促进新叶生长,保持美观的姿态。

花卉功能卡

虎尾兰净化空气的本领非常显著,有调查表明,在一间10平方米左右的房间中摆放一盆虎尾兰,空气中80%的有害气体,如甲醛、甲苯等,就可以被吸收掉。

花卉摆放寓意

看到虎尾兰,常给人一种"坚毅、顽强"的感觉,而且"虎"一向是王者的代表,把它摆放在卧室能够起到旺宅的作用,给家人带来健康长寿。另外,金边虎尾兰还有"招财"的意义,能提升家庭的财运。

龙舌兰

❋ 花卉小档案 ❋

姓　　名	龙舌兰
别　　名	龙舌掌、番麻
科　　属	龙舌兰科龙舌兰属
祖　　籍	墨西哥
最喜欢的土壤	肥沃、湿润、排水好的沙质土壤
最喜欢的生长温度	15～25℃
最讨厌的害虫	介壳虫
最害怕的病	叶斑病、炭疽病、灰霉病

自我介绍：我是一种多年生常绿植物。在南方地区常被用来美化园林，在北方地区则以温室盆栽为主。我属于大型观赏花卉，身高可以达到1.7米左右。最让人称奇的还是我的花，它们往往要花费十几年甚至几十年的时间才会开，花序能长到七八米高，世界上没有哪一种花卉能与我相比，不过花谢之后我就会死亡，所以人们给我起了一个名字叫做"世纪植物"。

❋ 漂亮花卉种出来 ❋

在春天，用分株法来栽培龙舌兰是最常用的方法。我们需要将母株取出，将基部的蘖芽分割下来，种入其他花盆就可以了。

❋ 健康花卉养出来 ❋

浇水

龙舌兰对水分的要求不高，在生长期间，当土壤变干时要浇足水分。冬季时则要适当减少浇水量。

施肥

龙舌兰的适应性比较强，不需要经常施肥，我们只要每月施一次肥就可以。

光照

龙舌兰喜欢温暖的阳光，平时我们要将它放在卧室的向阳处，让它充分接受光照。夏天则要适当遮阳。

修剪

我们要及时将老叶、枯叶剪掉，这样可以促进新叶生长。

花卉功能卡

龙舌兰可以吸收空气中的苯、甲醛、三氯乙烯等有害物质，不仅如此，它还能在夜间吸收二氧化碳，释放新鲜的氧气呢！

花卉摆放寓意

龙舌兰有"长寿、健康"的象征意义，把它摆放在卧室，可以为家人带来健康。此外，龙舌兰生命力旺盛，能释放出强大的气场，提升主人的魅力，给人尊贵的感觉。

蝴蝶兰

✽ 花卉小档案 ✽

姓　　名	蝴蝶兰
别　　名	蝶兰
科　　属	兰科蝴蝶兰属
祖　　籍	欧亚、北非、北美、中美
最喜欢的土壤	不宜用泥土，适合水苔、浮石、桫椤屑、木炭碎屑
最喜欢的生长温度	18～30℃
最讨厌的害虫	蛞蝓、蜗牛、红蜘蛛
最害怕的病	软腐病、褐斑病

自我介绍： 我是一种多年生附生草本植物。我的花朵鲜艳夺目，远远看去好似一朵朵蝴蝶飞舞在枝头，因此大家叫我"蝴蝶兰"，还把我誉为"兰中皇后"呢！我的花色多样，常见的有黄、白、红、紫、蓝等，既有纯色也有双色或三色，花期能持续60天左右，具有非常高的观赏价值。

❋ 漂亮花卉种出来 ❋

栽培蝴蝶兰，我们可以采取分株的方法。从母株的根部将蘖芽分割下来，或者等花茎上的腋芽长出根后切下来，栽入花盆就可以了。

❋ 健康花卉养出来 ❋

浇水

蝴蝶兰喜欢湿润的生长环境，但是惧怕积水，在春夏季节要保持土壤湿润，冬季则要减少浇水量。

施肥

在蝴蝶兰生长期间，我们需要每隔15天给它施一次肥，在冬季可以适当减少肥量，但是不要停止施肥。

光照

蝴蝶兰不喜欢阳光直射，这样会使它的叶片桌上。我们要把它放在卧室比较明亮的地方，避开强烈的日光。在开花前后，可以放在阳光下适当晒一晒，有助于开花。

修剪

发现蝴蝶兰出现枯叶、病叶时，我们要及时修剪，让它保持健康的株型。

花卉功能卡

蝴蝶兰不仅漂亮，而且还是净化空气的能手呢！它可以清除空气中的苯、甲醛等有害气体，还能在夜间制造新鲜的氧气呢！

花卉摆放寓意

蝴蝶兰形态美丽、高贵，有"幸福、吉祥、纯洁"等美好的寓意，用它来装点卧室，不仅能为卧室增加别样的风情，还可以促进爱人之间的感情，营造幸福、温馨、健康的生活环境。

六
餐厅——
美食配美景，美不胜收

餐厅之于美食，就好像鱼缸之于金鱼，把身体的需要上升为全身心的享受。是的，能在一个惬意的环境中享受一份美味的食物，实在是一件幸福的事情。餐厅是我们和家人、亲朋聚餐的场所，它的风水好坏影响着我们身心的健康。因此，要想在餐厅收获身体和心理的双重满足，我们就要选择适宜的花卉。我们的关键词就是——简洁、温馨。

翡翠珠

❋ 花卉小档案 ❋

姓　　名	翡翠珠
别　　名	一串珠、绿铃、绿串珠
科　　属	菊科千里光属
祖　　籍	西南非干旱的亚热带地区
最喜欢的土壤	疏松、富含有机质的土壤
最喜欢的生长温度	10～25℃
最讨厌的害虫	蜗牛、蚜虫、吹绵蚧
最害怕的病	煤烟病、茎腐病

自我介绍：我是一种多年生常绿肉质草本植物。大家之所以叫我翡翠珠，是因为我与其他常见花卉的叶片有些不同，我的藤蔓上挂满一颗颗小小的绿珠，看起来很像一串串"翡翠珠"。我虽然没有光彩夺目的外形，不过与众不同就是大家喜爱我的理由！

❋ 漂亮花卉种出来 ❋

种植翡翠珠最常用的方法是扦插。在春季或秋季，我们要从翡翠珠上选取一段健壮的枝条，大约10厘米即可，然后将它的一半插入湿润的土壤中即可以了，大约半月之后就能生根。

❋ 健康花卉养出来 ❋

浇水

翡翠珠比较耐旱，当土壤变干时一次性浇透就可以，千万不要频繁浇水，以免花盆积水引起烂根现象。

施肥

翡翠珠对肥料的要求不高，在生长期间，我们只要施2～3次肥就可以。

光照

翡翠珠不喜欢荫蔽的环境，我们要将它放在餐厅明亮的地方，并适时地将它放在阳光下晒一晒，以便促进生长。

修剪

翡翠珠不需要刻意修剪，我们只要将老枝、枯枝剪掉就可以。

花卉功能卡

翡翠珠能吸收空气中的二氧化硫、一氧化碳、乙烯等有害气体，为我们创造健康的就餐环境。

花卉摆放寓意

翡翠珠是一种很特别的花卉，它碧绿、可爱的外形能为餐厅增添典雅、别致的风情。此外，它有"神秘、浪漫"的象征意义，在特殊的日子里和爱人一起在摆放着翡翠珠的餐厅用餐，还能增进两人之间的感情呢！

风信子

❋ 花卉小档案 ❋

姓　　名	风信子
别　　名	洋水仙、五色水仙
科　　属	风信子科风信子属
祖　　籍	地中海沿岸、小亚细亚半岛
最喜欢的土壤	肥沃、排水好的沙质土壤
最喜欢的生长温度	10~18℃
最讨厌的害虫	线虫
最害怕的病	软腐病、菌核病

自我介绍：我是一种多年生球根类草本植物。我的花朵颜色多彩，常见的有红、蓝、白等，其中蓝色是我最具代表性的颜色。我的主要产地在荷兰，早在18世纪的时候，我就已经是很流行的花卉了。我既可以做盆栽装饰住宅，还可以用作切花，在世界上有很高的人气呢！

❋ 漂亮花卉种出来 ❋

我们可以用分球的方法来种植风信子。当风信子的母球长出子球时，我们要将子球分离下来，然后栽入其他花盆中即可。由于风信子的子球不容易自然形成，我们可以用小刀将母球的基部切成十字型，切割深度要达到母球中部的芽心，当伤口风干后浅埋入花盆中即可。这样能促进子球萌发，等子球长出以后就可以移栽到其他花盆中了。

❋ 健康花卉养出来 ❋

浇水

风信子不喜欢积水，我们浇水时要掌握好量，将土壤浇透即可。

施肥

在种植风信子之前，我们要做好基肥，这样能满足风信子生长所需养分。此外，我们还要在开花前或花谢后各施一次肥，促进风信子生长。

光照

风信子是喜光植物，我们要把它摆放在餐厅的向阳处，如果餐厅找不到阳光，则要适时将风信子放在太阳下晒一晒，这样有利于风信子生长。

修剪

当风信子的花朵凋谢后，我们要将花茎剪掉，这样可以避免养分流失。

花卉功能卡

风信子不仅好看，而且能够净化水质。此外，它宜人的香气还可以消除异味，能有效改善餐厅环境。

花卉摆放寓意

风信子的花繁茂而不失典雅，摆放在餐厅能够提升品位，创造浪漫、温馨的就餐环境。此外，餐厅是家人聚餐的场所，而风信子还有"快乐、幸福"的内涵，能够促进家人之间的感情，有助于家庭和睦。

长寿花

❋ 花卉小档案 ❋

姓　　名	长寿花
别　　名	矮生伽蓝菜、寿星花
科　　属	景天科伽蓝菜属
祖　　籍	非洲
最喜欢的土壤	疏松、肥沃、排水好的微酸性土壤
最喜欢的生长温度	20～25℃
最讨厌的害虫	蚜虫、介壳虫
最害怕的病	白粉病、叶枯病

自我介绍：我是一种多年生草本多浆植物。我的叶片肥大而富有光泽，每株花枝能开放数十朵花，而且花期可以持续4个多月，因此大家称呼我为"长寿花"。我常常在冬季开花，许多人喜欢将我当做新年礼物赠送给亲友，用来表达美好的祝福。

❋ 漂亮花卉种出来 ❋

扦插是栽种长寿花常用的方法。春秋两季是扦插的好时机，这时我们要从长势旺盛的长寿花上选取一段5厘米左右的成熟枝条，然后将它插入湿润的沙床中。为了促进根生长，我们可以覆盖一层薄膜，大约半月之后长寿花枝条就会生根。

❋ 健康花卉养出来 ❋

浇水

长寿花比较耐旱，我们可以每隔3～4天给它浇一次水，千万不要用大水猛灌，以免造成积水。

施肥

在长寿花开花之前，我们要每隔1周给它施一次磷钾肥，这样能促进花芽生长。当花朵盛开后，适当施一些磷肥，可以延长花期。此外，花朵凋谢后要及时追肥，以满足长寿花生长需要。

光照

长寿花喜欢温暖的阳光，我们要将它放在阳光可以照到的地方。不过夏季要避开强烈的光照,以免影响长寿花正常生长。

✂ 修剪

当长寿花长到10厘米左右的高度时,我们需要给它摘心,以便促进侧枝生长。如果枝条长得过密,则要适当修剪。

花卉功能卡

长寿花不仅释放充足的新鲜氧气,还可以抗辐射,为我们创造健康的生活环境。

花卉摆放寓意

长寿花是"富贵、长寿"的象征,将它摆放在餐厅,让家人更加健康。此外,它小巧可爱的花朵还能活跃气氛,让人食欲大开!

波士顿蕨

❀ 花卉小档案 ❀

姓　　名	波士顿蕨
别　　名	肾蕨、玉羊齿
科　　属	肾蕨科肾蕨属
祖　　籍	热带、亚热带地区
最喜欢的土壤	腐叶土、河沙、园土混合而成的培养土,水苔
最喜欢的生长温度	15～25℃
最讨厌的害虫	介壳虫
最害怕的病	叶斑病、猝倒病

自我介绍: 我是一种多年生草本植物。我的叶片细碎而柔软,枝条长长以后就会慢慢垂落下来,无论是放在桌面上,还是悬挂在空中,都具有很好的观赏价值。我的适应性很强,长势茂盛,乍一看就好像一道绿色的瀑布,能为房间增添很多亮色呢!

❋ 漂亮花卉种出来 ❋

我们可以采取分株法来种植波士顿蕨。将植株从土中取出来，去掉坏根，然后把它分割成几丛，每丛上带有3个左右嫩芽，分别栽入花盆中就可以了。

❋ 健康花卉养出来 ❋

浇水

波士顿蕨不喜欢过湿或过干的土壤，因此我们在浇水的时候要掌握好量，不要积水，发现土壤变干要一次性浇透。

施肥

波士顿蕨生长期间不需要经常施肥，我们只要每月给它施一次薄肥就可以。需要注意的是，不要将肥料粘在叶片，以免引起病虫害。

光照

波士顿蕨不喜欢阳光直射，但是也不喜欢阴暗的环境，我们可以将它放在卧室明亮的地方种植。

修剪

如果发现波士顿蕨出现老叶、黄叶，我们要及时修剪，这样可以使它保持美观的株型。

花卉功能卡

波士顿蕨能够清除空气中的甲醛，科学研究表明，它能在一小时内消除20微克左右的甲醛，是天然的"生物净化器"。

花卉摆放寓意

波士顿蕨清新可人，摆放在餐厅能给房间带来无限生机，让人胃口大开。此外，波士顿蕨郁郁葱葱、朝气蓬勃，能为我们营造雅致、健康的就餐环境，即使一个人在家吃饭也不会觉得寂寞、压抑。

七 厨房——在自然中烹饪 健康美食

「民以食为天」,作为美食的发源地,厨房的重要性显而易见。虽然它在住宅中的占地面积不算大,但是很容易生成许多对人体有害的气体,这就使得许多「晦气」偷偷渗入我们的生活空间,影响我们的身心健康。难道厨房就这样陷入恶劣的风水漩涡中了吗?当然不是,花卉就可以帮我们改善这种状况。我们的关键词就是——功能强大的花卉。

薄 荷

❋ 花卉小档案 ❋

自我介绍：我是一种多年生草本植物。相信大家对我一定不陌生，我天生带有清新香气，是一种很常见的芳香植物。我不仅可以观赏，还具有良好的药用功效，市面上许多食品、化妆品等都含有我的成分。不夸张地说，我在世界上人气很高哦！

姓　名	薄荷	最喜欢的土壤	排水性好的土壤
别　名	夜息香、南薄荷	最喜欢的生长温度	20～30℃
科　属	唇形科薄荷属	最讨厌的害虫	银纹夜蛾
祖　籍	地中海地区、亚洲西部地区	最害怕的病	斑枯病、锈病

❋ 漂亮花卉种出来 ❋

　　栽种薄荷，我们可以采用播种和扦插两种方法。播种很简单，将种子均匀地播撒在土壤中，覆盖一层薄薄的土壤，然后浇足水分即可。扦插时，我们要从长势旺盛的薄荷上选取一段健壮的枝条，然后将它插入湿润的土壤中，等长出根以后栽入花盆即可。

❋ 健康花卉养出来 ❋

🪣浇水

　　薄荷不喜欢积水，我们浇水时要掌握好量，当土壤变干时要一次性浇透，在炎热的夏季可以适当多浇一些水，让土壤保持湿润。

施肥

　　薄荷对肥料没有严格的要求，我们只要每隔半月给它施一次薄肥就可以。

光照

　　薄荷喜欢充足的阳光，我们可以将它放在厨房的向阳处。不过夏天要做好遮阳措施，以免被强烈的阳光灼伤。

 修剪

薄荷长势茂盛，为了保持美观的外形，我们要将老枝、黄叶剪掉。如果高度超过了25厘米，我们可以将它齐头剪掉5厘米。

花卉功能卡

薄荷的香气不仅能提神醒脑，还可以消除厨房的油烟味。另外，它还能消除空气中的甲醛、苯、一氧化碳、二氧化硫等有害气体，为我们创造健康的生活环境。

花卉摆放寓意

厨房是家里的油烟重地，也是"晦气"比较严重的地方，摆放薄荷能够冲淡、消除这些"晦气"，将新鲜之气注入房间。此外，薄荷还可以烹饪美食，为家人带来健康！

芦荟

❀ 花卉小档案 ❀

姓　　名	芦荟
别　　名	卢会、象胆、奴会
科　　属	百合科芦荟属
祖　　籍	地中海、非洲
最喜欢的土壤	疏松、排水性好的土壤
最喜欢的生长温度	15～35℃
最讨厌的害虫	介壳虫、红蜘蛛
最害怕的病	炭疽病、褐斑病、叶枯病、白绢病

自我介绍： 我是一种多年生常绿草本植物。我的叶子肥厚，带有细细的针尖，具有良好的观赏价值。我的家族庞大，单是野生品种就有300多种。有些品种不仅能观赏，还可以食用，具有宝贵的药用价值。另外，我还是美容养颜的天然品，受到许多女士的欢迎呢！

❋ 漂亮花卉种出来 ❋

分株和扦插是种植芦荟最常用的办法。分株时,将母株基部的幼苗切割下来,然后栽入其他花盆即可。扦插时,我们要用小刀从成熟的芦荟上割取一段8厘米左右的嫩茎,然后将它插入湿润的沙床,等根长出来移栽到花盆中就可以了。

❋ 健康花卉养出来 ❋

浇水

芦荟比较耐旱,我们要在土壤变干时一次性浇透。千万不要积水,这样会让茎叶萎缩,并导致根部腐烂。

施肥

在芦荟生长期间,我们可以每月施一次肥,这样能促进芦荟生长。

光照

芦荟喜欢温暖的阳光,我们要将它放在厨房的向阳处,但是在夏季要避开强烈的光照。

修剪

为了保持芦荟的美观,我们可以将多余的枝条剪掉,这些枝条也可以拿来扦插哦!

花卉功能卡

芦荟就像一台天然的"空气净化器",能够吸附甲醛、二氧化硫、一氧化碳等有害气体,还可以除尘、杀菌。更难得的是,当空气中的有害气体超标时,它就会长出褐色斑点,提醒我们注意。此外,它还有美白肌肤、抗衰老等功效呢!

花卉摆放寓意

芦荟碧绿喜人,摆放在厨房能够增添许多活力。它可以吸收并向我们预告空气中的有害气体,使家庭环境更和谐。有这样的"天然卫士"镇守厨房,我们就可以安心地享受健康生活了。

迷迭香

❋ 花卉小档案 ❋

姓　　名	迷迭香
别　　名	海洋之露
科　　属	唇形科迷迭香属
祖　　籍	地中海沿岸
最喜欢的土壤	排水性好的沙质土壤
最喜欢的生长温度	10～28℃
最讨厌的害虫	红蜘蛛
最害怕的病	根腐病

自我介绍：我是一种常绿灌木。我不仅在花卉界具有很高的人气，而且在饮食界、医药界、美容界也颇具名气。我可以装点居室，为食物增添风味，提神醒脑，美容养颜……还被大家公认为是最具备抗氧化作用的植物之一！

❋ 漂亮花卉种出来 ❋

种植迷迭香最常用的方法是扦插。在春季或秋季，我们从迷迭香上选取一段健壮的枝条，大约10厘米左右即可，去掉下部的叶子，将它放入清水中浸泡2小时左右，然后取出插入沙床中，等根长出来后移栽到花盆中即可。

❋ 健康花卉养出来 ❋

浇水

迷迭香比较耐旱，当土壤变干时一次性浇透就可以。夏天蒸发量大，可以适当增加浇水量，冬天则要减少。

施肥

迷迭香对肥料没什么要求，我们可以每隔半月给它施一次氮磷肥，这样就能满足迷迭香的生长需求。

光照

迷迭香喜欢温暖的阳光，我们要将它放在厨房的阳光地带，在夏天适当遮光即可。

 修剪

迷迭香生长速度比较慢，我们不需要经常修剪。如果出现枯枝、病枝，要及时剪掉。为了保持整洁的株型，我们要将多余的枝条修剪掉。

 花卉功能卡

迷迭香天生带有宜人的香气，这种香气不仅能静心安神、去除肉类食物的腥味，还可以杀菌消毒、净化空气，是天然的"空气清新剂"。

 花卉摆放寓意

厨房经常会产生一些异味，摆放一盆迷迭香，则可以将浊气、"晦气"清除一空，保卫家人的健康，是不可多得的健康花卉。

鸭跖草

❋ 花卉小档案 ❋

自我介绍：我是一种一年生草本植物。我没有光鲜的外表，也没有浓郁的花香，不过我的清新淡雅受到了许多人喜爱。我的花朵雌雄同株，花瓣颜色很有特点，两瓣蓝色、一瓣白色，可爱极了。除了用来观赏，我还有药用价值，被记录在许多药典中呢！

姓　名	鸭跖草	最喜欢的土壤	疏松、肥沃、排水好的沙质土壤
别　名	鸡舌草、竹叶草	最喜欢的生长温度	10℃左右
科　属	鸭跖草科鸭跖草属	最讨厌的害虫	蚜虫
祖　籍	东亚地区	最害怕的病	根腐病

❋ 漂亮花卉种出来 ❋

扦插是栽种鸭跖草最常用的方法。我们要从长势旺盛的鸭跖草上选取一段健壮的枝条,最好带有2~3个芽眼,然后将它插入水中或者湿润的泥炭土中,当根长出来后移栽到花盆中就可以了。

❋ 健康花卉养出来 ❋

浇水
鸭跖草喜欢生长在湿润的环境中,我们要经常给它浇水,尤其在夏天,但是不要积水,以免引起病害。进入冬季则要适当减少浇水量。

施肥
在鸭跖草生长期间,我们需要每隔半月给它施一次氮肥,这样鸭跖草会长得更茂盛。

光照
鸭跖草喜欢半阴的环境,我们可以把它放在厨房明亮的地方,避开强烈的日光。在冬季要适时地将它搬到阳光下晒一晒,以便促进生长。

修剪
如果鸭跖草出现黄叶、病叶,我们要及时修剪,这样既可以保持良好的株型,又可以防止病虫害传染。

花卉功能卡
鸭跖草具有极强的净化空气的能力,除了吸收二氧化碳、释放新鲜的氧气外,它能有效清除空气中的甲醛,为我们营造健康的生活环境。

花卉摆放寓意
鸭跖草清新淡雅,不仅可以摆放在窗台,还可以悬挂在半空,能让单调的厨房瞬间变得灵动,看起来就像一座温馨的小花园。另外,鸭跖草象征着"希望",能给家庭带来无限美好,让家庭生活变得更温馨。

水仙花

❀ 花卉小档案 ❀

自我介绍：我是一种多年生草本植物。在中国，我的栽培史可以追溯到一千多年前，是中国传统名花中的一员。我的家族十分庞大，常见的有喇叭水仙、围裙水仙、红口水仙等。正是因为我长得亭亭玉立，所以大家还送了一个"凌波仙子"的雅号给我呢！

姓　　名	水仙花	最喜欢的土壤	疏松、土层深厚的沙质土壤
别　　名	凌波仙子、玉玲珑	最喜欢的生长温度	10～15℃
科　　属	石蒜科水仙属	最讨厌的害虫	线虫
祖　　籍	中国	最害怕的病	褐斑病、叶枯病

❀ 漂亮花卉种出来 ❀

　　我们可以采用分株法来种植水仙花。在水仙的鳞茎两侧，经常会长有一些子球，我们可以将这些子球分割下来，栽入花盆即可。此外，我们也可以将鳞茎内的芽挖出来，撒入湿润的苗床上，当新的球茎长出来后，就可以栽入花盆中了。

❀ 健康花卉养出来 ❀

浇水

　　水仙花多是水培，在生长期间，我们要每隔2天给它换一次水，水量以淹没球茎的1/3为好。若是种在土壤中，则要保持土壤湿润。

施肥

　　水仙对肥料没有要求，在生长期间，我们可以适当施一些肥料，这样会让水仙长得更旺盛。

光照

　　水仙喜欢温暖的阳光，我们要将它放在厨房的向阳处。夏天则要适当遮阳，不要让水仙在阳光下暴晒。

✂ 修剪

当水仙花出现枯叶、老叶时，我们要及时修剪，以便保持美丽的外观。

水仙花不仅好看，而且能够吸收二氧化硫、一氧化碳等有害气体，让厨房的空气变得更加清新、健康。

水仙花花姿优雅、馥郁芬芳，摆放在厨房能消除异味，改善空气质量。而且厨房水源充足，能够满足水仙花的生长需求。此外，水仙花常在元宵节期间盛开，常言道"元宵花开，一年好运来"，有水仙花的点缀，幸福安康将会周年循环。

八 卫生间——享受轻松自在的私人空间

在社会上摸爬滚打了一天,带着满身烟尘、疲惫回到家,这时,你是不是希望拥有一个轻松自在的私人空间?不妨走进卫生间,美美地洗一个热水澡吧!在这里,将所有不好的事情都能统统洗掉。

在住宅之中,洗手间应该属于阴气最重的地方,恰到好处的阴离子有利于身体健康,而阴气过重则会影响我们的生活。那么,什么样的花卉为我们营造一个舒适、健康的私人空间呢?我们的关键词就是——耐阴湿的花卉。

铜钱草

❋ 花卉小档案 ❋

自我介绍：我是一种多年生匍匐草本植物。我的叶子小而圆，看起来很像铜钱，所以大家都叫我"铜钱草"。我既可以生长在陆地上，也可以长在水中，是花卉界的"两栖植物"。我的花朵是黄绿色，虽然很小，但不失可爱。我不仅具有良好的观赏价值，还可以入药。而且我的生命力旺盛，好栽易养，深受人们喜爱。

姓　　名	铜钱草	最喜欢的土壤	疏松、排水性好的土壤
别　　名	积雪草、马蹄草、崩大碗	最喜欢的生长温度	10～25℃
科　　属	伞形科天胡荽属	最讨厌的害虫	食叶螺
祖　　籍	印度	最害怕的病	叶腐病

❋ 漂亮花卉种出来 ❋

分株法和扦插法是种植铜钱草常用的方法。分株时，将铜钱草的根分成几丛，每丛上带有2～3株嫩枝，然后栽入花盆即可。扦插时，从生长旺盛的铜钱草上选取一段嫩枝条，插入水中，当长出根后栽入花盆就可以了。

❋ 健康花卉养出来 ❋

浇水

铜钱草喜欢湿润的土壤，但是不要积水，在土壤变干时一次性浇透就可以。

施肥

在铜钱草生长期间，我们要每半月给它施一次肥，这样能使铜钱草长得更旺盛。

光照

铜钱草喜欢阴凉，最害怕阳光直射，我们要将它摆放在卫生间阴凉的地方。

127

修剪

铜钱草长势旺盛,我们要及时减去多余的枝条、黄叶、老枝等,以便保持美观的外形。

花卉功能卡

铜钱草带有清新的天然香气,不仅能杀灭空气中的细菌,还可以缓解人体疲劳,使卫生间的环境变得更健康。

花卉摆放寓意

铜钱草生命力旺盛,不需要刻意养护就能长得郁郁葱葱,把它摆放在卫生间,能增添许多朝气。铜钱草会释放健康的阴离子,为家人营造温馨、舒适的生活环境。此外,它还有"财运滚滚"的意味,有助于提高家庭的财气。

网纹草

✿ 花卉小档案 ✿

自我介绍:我是一种多年生草本植物。我的个头比较矮,大约在20厘米左右,不过我的观赏性很高,我的叶片上布满清晰的脉络,色泽淡雅、纹理美观。自从20世纪40年代在花卉界崭露头角后,短短几十年间我受到许多人的欢迎,成了人们住宅中的常客。

姓 名	网纹草	最喜欢的土壤	富含腐殖质的沙质土壤
别 名	银网纹、费道花	最喜欢的生长温度	18~24℃
科 属	爵床科网纹草属	最讨厌的害虫	介壳虫、红蜘蛛、蜗牛
祖 籍	秘鲁	最害怕的病	叶腐病、根腐病

❋ 漂亮花卉种出来 ❋

我们常用扦插和分株两种方法来种植网纹草。春秋两季是扦插的最佳时期，我们要从长势好的网纹草上选取一段健壮的枝条，大约10厘米左右即可，将下部的叶片去掉，然后插入湿润的沙床中就可以了。分株时，我们要将长有根须的匍匐茎剪下来，然后种入花盆即可。

❋ 健康花卉养出来 ❋

浇水

网纹草喜湿，但不喜欢积水。我们要在土壤变干的时候彻底浇透，不要用大水猛灌，以免花盆积水。

施肥

网纹草对肥料要求不高，我们只要每半月给它施一次肥就可以。需要注意的是，不要将肥料粘在叶片上，以免引起病害。

光照

网纹草不喜欢阳光直射，也不适宜长期荫蔽，我们要把它摆放在卫生间明亮的地方，让它吸收散射光。如果卫生间是封闭的，则要适时将它搬出去，放在光亮处养护。

修剪

当网纹草长出3~4对叶片时，我们要给它摘心，这样能促进侧枝生长。为了保持美观的外形，我们要及时修剪老枝。

花卉功能卡

网纹草对空气中的烟尘比较敏感，一旦室内的空气质量变差，就会长得很差，向我们发出警报，就像一台天然的"空气检测表"。此外，它还可以调节视力，有助于放松身心。

花卉摆放寓意

卫生间的空间比较狭小，容易沉淀"晦气"，摆放一盆网纹草，则可以让我们提前预防，及时采取应对措施，有效改善死气沉沉的氛围，建立一个生机勃勃的小环境。

翠云草

❋ 花卉小档案 ❋

自我介绍：我是一种多年生草本植物，我的叶片细小、密集，呈蓝绿色，整体看起来好像被一层蓝宝石光芒覆盖着，神秘又漂亮。虽然我没有华丽的外表，但是清秀可人、百看不厌，所以在花卉界的人气也是相当高的。

姓　　名	翠云草	最喜欢的土壤	疏松、富含腐殖质的土壤
别　　名	龙须、蓝草、绿线草	最喜欢的生长温度	20~26℃
科　　属	卷柏科卷柏属	最讨厌的害虫	红蜘蛛
祖　　籍	中国	最害怕的病	叶斑病、锈病

❋ 漂亮花卉种出来 ❋

扦插和分株是种植翠云草最长用的方法。春天到来时，我们可以从翠云草植株上选取一段5厘米左右的枝条，然后将它插入湿润的土壤中即可。分株时，我们要将翠云草的根分成几株，分别栽入花盆中就可以了。

❋ 健康花卉养出来 ❋

浇水

翠云草喜欢湿润的生长环境，我们要经常给它浇水，保持土壤湿润，但是要控制好水量，以免造成花盆积水。在炎热的夏季，我们也可以喷洒叶片，增加空气湿度。

施肥

在翠云草生长期间，我们可以适当施一些肥料，但是不要把肥料粘在叶片上，这样容易引起病害。

光照

翠云草的阳光的照射下容易枯萎，因此我们要将它放在卫生间的阴凉处。

修剪

翠云草不需要刻意修剪，我们可以按照自己的喜好将它修剪成美观的形态。

 花卉功能卡

翠云草能够释放健康的阴离子，有效改善卫生间的小环境，对身体疲劳有良好的舒缓作用。此外，它还具有药用价值，用来外敷能治疗烧伤、烫伤等。

 花卉摆放寓意

虽然卫生间不是住宅的核心部位，但越是细节之处，越能体现主人的品位。翠云草姿态秀雅、风格清丽，花语是"生机勃勃"摆放在卫生间能起到画龙点睛的作用，瞬间提升住宅的整体气质，将主人的良好品位展露无遗。

铁线蕨

❋ 花卉小档案 ❋

姓　　名	铁线蕨
别　　名	铁丝草、水猪毛
科　　属	铁线蕨科铁线蕨属
祖　　籍	非洲、美洲、欧洲、亚洲、大洋洲温暖地区
最喜欢的土壤	疏松、肥沃、含石灰质的沙质土壤
最喜欢的生长温度	13～22℃
最讨厌的害虫	介壳虫
最害怕的病	叶枯病

自我介绍：我是一种多年生草本植物。我最初的出生地是溪边、山谷等阴湿地区，所以我很喜欢湿润的环境。正因为如此，所以我常被放在背光的室内做小盆栽。除此之外，我还可以做切叶、干花材料，是广受欢迎的装饰品。

❋ 漂亮花卉种出来 ❋

铁线蕨最常用的栽培方法是分株,这一方法适合在春天进行。我们要将铁线蕨植株从花盆中挖出来,将根茎分割成几丛,每丛带有2~3株嫩枝,然后将它们分别栽入花盆,浇足水分就可以了。

❋ 健康花卉养出来 ❋

浇水

铁线蕨对水的要求比较高,我们要经常保持土壤湿润。在炎热的夏季,我们还可以在铁线蕨周围喷洒水分,增加空气湿度。到了冬季则要减少浇水量。

施肥

铁线蕨在生长期间需要充足的养分,我们需要每隔1个月给它施一次肥,这样能促进生长。

光照

铁线蕨喜欢荫蔽的生长环境,我们要将它放在卫生间的阴凉处,不要将它放在阳光下暴晒,以免灼伤枝叶。让它晒一晒太阳,这样有利于生长。

修剪

如果铁线蕨长得太密或者出现黄叶、枯枝,我们要及时修剪,这样既可以保持美观的外形,又可以促进新枝生长。

花卉功能卡

别看铁线蕨长得柔弱,它可是有净化空气的本领呢!它能够清除空气中的甲醛,为我们创造清新的生活环境!

花卉摆放寓意

铁线蕨清新淡雅、株型玲珑,非常适合摆放在空间较小的卫生间里。它既能为卫生间增添活泼的色调,还可以提升卫生间的艺术气息。此外,它还能让我们放松神经,舒缓身体压力!

九 走廊——别具一格的美丽花路

随着生活水平的提高,人们的住宅环境也越来越好,走廊逐渐成为居所的一部分。虽然它的面积有限,不过它的作用可是不容忽视的。走廊就像一座桥,联系着室内与户外、房间与房间。可以说,它起着疏通家庭风水的作用。那么,什么样的花卉可以使走廊保持通畅的风水呢?我们的关键词就是——特色鲜明的花卉。

玉簪

❋ 花卉小档案 ❋

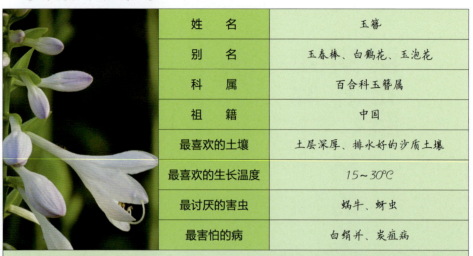

姓　　名	玉簪
别　　名	玉春棒、白鹤花、玉泡花
科　　属	百合科玉簪属
祖　　籍	中国
最喜欢的土壤	土层深厚、排水好的沙质土壤
最喜欢的生长温度	15～30℃
最讨厌的害虫	蜗牛、蚜虫
最害怕的病	白绢并、炭疽病

自我介绍：我是一种多年生草本植物。我的叶子密集丛生，花茎从中间抽生出来，当花朵还未开放时，看起来就好像一只簪头，因此大家称呼我为"玉簪"。我在秋天开花，花香宜人，深受人们喜爱。

❋ 漂亮花卉种出来 ❋

我们可以采用播种和分株两种方法来种植玉簪。播种前，我们可以先将种子放入40℃左右的温水中浸泡一天，这样可以提高发芽率，然后将它们均匀地撒在土壤中，盖上一层薄土、浇足水分即可。分株时，我们要将玉簪的根分成几株，然后分别栽入花盆中，适当修剪一下多余的枝叶就可以了。

❋ 健康花卉养出来 ❋

浇水

玉簪喜欢湿润的土壤，但是不喜欢积水。我们要在土壤变干时一次性浇透，也可以向叶片洒水。

施肥

玉簪对肥料的要求比较高，春季，我们需要每隔20天左右给它施一次氮磷肥，夏季改施磷钾肥，在开花期则停止施肥。当花朵凋谢后，要追一次肥。

光照

玉簪喜欢阴凉的生长环境，我们要将它放在走廊的阴凉处，避开强烈的阳光。冬季可以适当接受光照，以便促进生长。

✂ 修剪

如果玉簪长有黄叶、枯枝，我们要及时修剪。在花朵凋谢后，我们要将把花枝齐根剪掉，这样有利于促进新枝生长。

花卉功能卡

玉簪的花香沁人心脾，能够杀菌消毒、消除异味，有效改善走廊的空气环境。

花卉摆放寓意

玉簪高贵典雅、馥郁芬芳，有"高洁、清新脱俗"的意义，把它摆放在走廊，既能营造优雅的氛围，还可以清除走廊里的污浊之气，让住宅的空气流通更加顺畅。

吊竹梅

❋ 花卉小档案 ❋

自我介绍：我是一种多年生草本植物。我的叶片与竹叶相似，并带有美丽的花纹，当枝条长长后会向四周垂散，悬挂起来观赏非常漂亮，这也是大家给我取名"吊竹梅"的缘由。我的适应性很强，具有良好的绿化作用，所以很多园林、绿地、住宅等都成了我的"地盘"，大家对我的喜爱也越来越深。

姓　名	吊竹梅	最喜欢的土壤	疏松、肥沃的沙质土壤
别　名	吊竹兰、斑叶鸭跖草	最喜欢的生长温度	10～25℃
科　属	鸭跖草科吊竹梅属	最讨厌的害虫	蚜虫
祖　籍	墨西哥	最害怕的病	灰霉病

❋ 漂亮花卉种出来 ❋

吊竹梅最常用的栽培方法是扦插。我们需要从旺盛的吊竹梅上选取一段健壮的枝条，长度在10厘米左右、并带有3个以上的叶节，然后将它插入湿润的沙床中，等根长出来后移栽到花盆中就可以了。

❋ 健康花卉养出来 ❋

浇水

在吊竹梅生长期间，我们要将变干的土壤一次性浇透，保证吊竹梅能吸收到充足的水分。

施肥

为了满足吊竹梅的生长需求，我们需要每隔15天给它施一次氮肥。

光照

吊竹梅不喜欢强烈的阳光，我们要将它放在走廊半阴的地方，这样有利于吊竹梅生长。

修剪

当吊竹梅的枝条长到20～30厘米左右时，我们要给它摘心，这样能促进侧枝生长，保持良好的株型。

花卉功能卡

吊竹梅可以吸附空气中的粉尘、油烟等污染物，还可以清除甲醛、二氧化碳等有害气体，为我们创造清新的生活环境。

花卉摆放寓意

走廊是住宅里的通道，各种气体会通过它流向房间深处。摆放一盆吊竹梅，民间认为可以阻挡"煞气"。此外，吊竹梅象征"朴实、宁静"，给人以清新、淳朴的感觉，让走廊的氛围恬静而不失雅致。

鹤望兰

❋ 花卉小档案 ❋

自我介绍：我是一种常绿宿根草本植物。花朵是我最吸引人的部分，不仅颜色鲜艳，而且花型奇特，就像一只展翅飞翔的仙鹤，这也是我名字的由来。我在秋冬季节开花，花期可以持续100多天。除了花，我的叶子也极具观赏价值，它们碧绿、宽大，将我的花衬托得更加高贵。

姓　名	鹤望兰	最喜欢的土壤	疏松、肥沃、排水性好的土壤
别　名	天堂鸟、极乐鸟花	最喜欢的生长温度	10～25℃
科　属	芭蕉科鹤望兰属	最讨厌的害虫	介壳虫、红蜘蛛
祖　籍	非洲南部	最害怕的病	根腐病、灰霉病、立枯病

❋ 漂亮花卉种出来 ❋

栽种鹤望兰，我们可以用播种、分株两种方法。为了提高发芽率，播种之前我们可以先将种子放入温水中浸泡5天左右，然后均匀地播入土壤中，浇足水分即可。采用分株法时，我们要将母株挖出来，把它分割成几株，每株带有8～10片叶子，然后将它们分别种入花盆即可。

❋ 健康花卉养出来 ❋

浇水

鹤望兰喜欢湿润的土壤，当土壤变干时，我们要及时浇水，一次性浇透即可，这样可以避免花盆积水。

施肥

鹤望兰喜欢充足的肥料，我们需要每隔半月给它施一次肥，以满足它的生长需要。

光照

鹤望兰喜欢温暖的阳光，我们可以将它摆放在走廊有阳光照射的地方。如果走廊荫蔽，我们要适时将它搬到阳光下晒一晒，这样能促进鹤望兰生长。

 修剪

如果发现鹤望兰有病叶、黄叶，我们要及时修剪，这样既可以防止病害传染，还有利于新枝生长。

花卉功能卡

鹤望兰不仅外观美丽，而且还能吸收二氧化碳，制造充足的氧气，有效改善走廊小环境。

花卉摆放寓意

鹤在我国象征着"长寿"，鹤望兰就好像一只飞舞的仙鹤，能够将福气从走廊传送到住宅中，为家人带来幸福、健康。此外，高贵的鹤望兰还能提升住宅的品质，为来访的客人留下好印象。

鹅掌柴

❋ 花卉小档案 ❋

自我介绍：我是一种常绿大乔木或灌木。大家之所以叫我"鹅掌柴"，是因为我的叶子就像鹅掌一样，这也是我最具观赏性的部位。我四季常青、外形优美，无论摆放在哪里都是一道亮丽的风景。而且我的养护方法很简单，因此受到越来越多人的喜爱。

姓 名	鹅掌柴	最喜欢的土壤	土层深厚的微酸性土壤
别 名	手树、鸭脚木、矮伞树	最喜欢的生长温度	15～25℃
科 属	五加科鹅掌柴属	最讨厌的害虫	介壳虫、红蜘蛛、蓟马
祖 籍	中国、南洋群岛	最害怕的病	叶斑病、炭疽病

❋ 漂亮花卉种出来 ❋

扦插是栽种鹅掌柴最常用的方法。方法比较简单，我们要从生长旺盛的鹅掌柴上选取一段10厘米左右的嫩枝条，去掉下部的叶子，然后将它插入湿润的蛭石基质中即可。我们也可以将枝条插入清水中，浸泡出根就可以栽入花盆中了。

❋ 健康花卉养出来 ❋

浇水

鹅掌柴喜欢湿润的生长环境，当土壤变干时要彻底浇透，以便满足它的生长需要。

施肥

鹅掌柴对肥料的要求不高，在生长旺盛的夏季，我们只要每隔半月给它施一些肥就可以。

光照

鹅掌柴喜欢半阴凉的环境，我们可以将它摆放在走廊半阴的地方，夏季则要做好遮阳措施。

修剪

由于鹅掌柴长得比较慢，容易出现徒长的枝条，因此我们要经常给它修剪。如果鹅掌柴长得过于茂密，我们也要将多余的枝条剪掉，这样有利于生长。

花卉功能卡

鹅掌柴的净化功能很强，它能吸收烟味、甲醛等等对人体有害的气体，让走廊的空气变得清新自然。而且，它还可以通过光合作用自给自足，将有害物质转化为生长所需的养料呢！

花卉摆放寓意

走廊里人来人往，难免会为家庭带来一些"煞气"，摆放一盆鹅掌柴则可以净化、阻挡这些气体，为家庭营造良好的健康环境。此外，鹅掌柴有"自然、和谐"的含义，能够让家庭氛围变得更融洽。

富贵竹

❀ 花卉小档案 ❀

姓　　名	富贵竹
别　　名	万寿竹、开运竹、富贵塔
科　　属	龙舌兰科龙血树属
祖　　籍	喀麦隆
最喜欢的土壤	肥沃、排水性好的沙质土壤
最喜欢的生长温度	20～28℃
最讨厌的害虫	红蜘蛛、介壳虫、叶螨
最害怕的病	炭疽病、叶斑病

自我介绍： 我是一种多年生常绿小乔木，我的个头比较大，大家见到的我通常是在80～100厘米之间，其实我可以长到1.5～2.5米呢！我的叶子肥厚，而且花色多样，常见的有绿叶银边、绿叶金边、绿叶银心等，观赏价值极高，在国际市场上非常受欢迎呢！

❀ 漂亮花卉种出来 ❀

我们可以用扦插的方法来种植富贵竹。从长势好的富贵竹上选取一段健壮的枝条，长度在8厘米左右即可，去掉所有的叶子，然后将它插入湿润的沙床或者清水中，待根长出后栽入花盆就可以。

❀ 健康花卉养出来 ❀

浇水

富贵竹喜湿，在春夏季节，我们要经常给它浇水，保持土壤湿润。也可以喷洒叶片，这样可以起到补水、清洁的双重功效。冬天则要适当减少浇水量，5天左右浇一次即可。

施肥

在富贵竹生长期间，我们需要每半月给它施一次肥，进入冬季休眠期则停止施肥。如果是水培富贵竹，我们可以用营养液和白兰地酒做肥料，每隔20天左右在水中加几滴，这样能防止富贵竹徒长。

☀ 光照

富贵竹不喜欢阳光直射，那样会让它的叶子变黄。我们可以将它放在走廊比较明亮的地方，吸收散射光。

✂ 修剪

为了保持富贵竹的美观外形，我们要适时剪掉黄叶、徒长的枝条。如果发现水培富贵竹的叶片浸泡在水中，我们要及时修剪，以免叶片腐烂。

花卉功能卡

有的走廊比较封闭，空气不流通，而富贵竹则可以清除废气，有效改善走廊的空气质量，为我们营造健康的生活环境。

花卉摆放寓意

从名字就可以看出，富贵竹象征着"富贵、大吉大利、竹报平安"等意义，把它摆放在走廊，为家庭带来好运，另一方面还可以为客人留下热情好客的印象，无论对内还是对外都极富美好的深意。

十 办公室——让身心沐浴在活力中

对于上班族来说,除了自己的小窝外,待得时间最长的地方估计就是办公室了。这里有我们的事业,对我们的生活起着重要影响。当然,办公室与我们的家有着明显的区别,办公桌、电脑、打印机……各种办公设备充斥其中,还有来来往往的同事、访客等,这使得办公室的风水环境变得复杂。那么,我们如何才能改善身边的坏风水呢?不妨借助植物的天然力量,我们的关键词就是——活力四射的花卉。

鸟巢蕨

❋ 花卉小档案 ❋

自我介绍：我是一种中型附生蕨。因为我看起来很像一只大鸟巢，所以大家称我为"鸟巢蕨"。我的叶片碧绿清亮，向四周自然伸展开来，带有一股浓浓的"野味"气息，这使我受到许多人的喜爱。我可以做成壁挂或悬吊盆栽，为房间带来独特的热带情调，具有很高的观赏价值。

姓　名	鸟巢蕨	最喜欢的土壤	腐叶土、泥炭土
别　名	巢蕨、山苏花、王冠蕨	最喜欢的生长温度	22~27℃
科　属	铁角蕨科巢蕨属	最讨厌的害虫	线虫
祖　籍	热带、亚热带地区	最害怕的病	炭疽病

❋ 漂亮花卉种出来 ❋

我们可以在春季时用分株法来栽种鸟巢蕨。先将鸟巢蕨从花盆中挖出，然后将它的根连同叶片分成几块，分别栽入花盆即可。如果鸟巢蕨基部长出新的植株，我们也可以直接将小植株分割下来，栽入花盆就可以。

❋ 健康花卉养出来 ❋

浇水

鸟巢蕨喜欢湿润的环境，我们要经常给它浇水，但是不要积水，以免引起根部腐烂。在夏季，除了保证土壤湿润外，我们也可以喷洒叶片。

施肥

在鸟巢蕨生长期间，我们要每隔半月给它施一次肥，这样可以让它长得更好。

☀ **光照**

鸟巢蕨耐阴，我们要将它放在办公室的荫蔽处，避开直射的阳光。

✂ **修剪**

如果发现鸟巢蕨出现枯叶,我们要及时修剪,这样可以促进新叶生长,还能保持美观的外形。

花卉功能卡

鸟巢蕨就好像一台天然的"加湿器",能够增加空气中的阴离子,改善干燥的环境,为我们创造舒适的工作环境。

花卉摆放寓意

鸟巢蕨四季常青,能为单调的办公室增添许多活力色彩。它还有"吉祥、富贵"的意义,摆放在办公桌上,能够改善周围气场,将好运收拢到"鸟巢"中,让我们的事业运、财运节节攀升。

冷水花

❋ 花卉小档案 ❋

自我介绍:我是一种多年生草本植物。我的叶片白绿相间、纹路清晰,花朵洁白并且很小,相比较而言,叶子更加具有观赏价值。此外,我的适应性强,而且养护方法简单,因此受到许多人的喜爱。

姓 名	冷水花	最喜欢的土壤	疏松、肥沃的沙质土壤
别 名	透明草、花叶荨麻、铝叶草	最喜欢的生长温度	15~25℃
科 属	荨麻科冷水花属	最讨厌的害虫	红蜘蛛、蚜虫
祖 籍	越南	最害怕的病	叶斑病

✿ 漂亮花卉种出来 ✿

我们可以用扦插的方法来种植冷水花。从茂盛的冷水花上选取一段健壮的枝条，大约10厘米左右即可，将下部的叶片去掉，在顶端留下2～3片，然后插入湿润的沙床中，待根长出来后栽入花盆就可以了。

❀ 健康花卉养出来 ❀

浇水

当冷水花的土壤变干时，我们要及时给它浇水，保持土壤湿润。夏天蒸发旺盛，我们还可以喷洒叶片。

施肥

在冷水花生长期间，我们要每隔15天左右给它施一次薄肥，以满足它的生长需求。到了秋天，我们要适当施一些磷钾肥，这样可以强健茎秆，避免出现倒伏现象。

光照

冷水花耐阴，但是不喜欢长期荫蔽。我们可以将它放在办公室明亮的地方，这样既能避开直射的阳光，还可以满足它的生长需求。

修剪

为了让冷水花保持美观的外形，我们要将枯枝、老叶剪掉。如果枝条长得太密，也要适当修剪。

花卉功能卡

冷水花在净化空气方面是一个"多面手"，它能吸收大量二氧化碳，释放的氧气比其他许多花卉都要高。它还可以吸附粉尘、油烟以及装修后产生的有害气体，有效提高室内空气质量。

花卉摆放寓意

冷水花小巧清丽、生命力旺盛，摆放在办公桌上能给人带来积极向上的动力。它有"时尚、快乐"等象征意义，可以提升个人魅力，增加同事之间的亲和力。

半枝莲

❀ 花卉小档案 ❀

自我介绍：我是一种多年生草本植物。在阳光的照射下，我会绽放花朵，而在早晨、傍晚、阴天等看不到太阳的时候，我的花就会闭合，因此大家给我起了一个很有趣的名字"太阳花"。我的生命力旺盛，常常匍匐地面生长，这使得我成了良好的铺地花草。除了用来观赏，我还有消肿解毒的药用功效呢！

姓 名	半枝莲	最喜欢的土壤	疏松、肥沃的沙质土壤
别 名	太阳花、大花马齿苋	最喜欢的生长温度	16～32℃
科 属	马齿苋科马齿苋属	最讨厌的害虫	蚜虫
祖 籍	南美洲、中国	最害怕的病	根腐病

❀ 漂亮花卉种出来 ❀

栽种半枝莲，我们可以用播种和扦插两种方法。半枝莲的种子很小，为了播撒均匀，我们可以掺一些沙土。播种好后覆盖一层薄薄的土壤，洒上充足的水分就可以了。扦插时，我们要选取一段健壮的枝条，然后将它插入湿润的土壤中即可。

❀ 健康花卉养出来 ❀

浇水

半枝莲比较耐旱，不需要经常浇水，当土壤变干时一次性浇透就可以。

施肥

半枝莲对肥料的要求不高，我们只要在它生长期间施2～3次有机肥即可。

光照

半枝莲非常喜欢阳光，在太阳的照射下会绽放美丽的花朵。我们平时要将它放在办公室的向阳处，不过在夏季要适当遮阳。

修剪

半枝莲长势茂盛，我们可以适当剪掉一些密集的枝条，让它保持整洁的外形。

花卉功能卡

半枝莲能够吸收二氧化硫、氯气、一氧化碳等有害气体，有效净化办公室的空气。

半枝莲生命力旺盛，有"光明、热烈、不服输"的意义，用它来装点办公室，可以瞬间提升室内的生命力，让我们在工作时干劲十足。如果工作遇到挫折，半枝莲还能给我们加油打气呢！

滴水观音

✻ 花卉小档案 ✻

自我介绍：我是一种多年生草本植物。大家之所以称呼我为"滴水观音"，是因为我的花朵神似观音，叶片宽大、碧绿，在湿度充足的环境下会滴水。我一般在冬季或者春季开花，不过由于气候环境的原因，我在南方比较容易开花，而在北方开花的几率很小。

姓　　名	滴水观音	最喜欢的土壤	排水好、富含有机质的沙质土壤
别　　名	滴水莲	最喜欢的生长温度	20～30℃
科　　属	天南星科海芋属	最讨厌的害虫	红蜘蛛
祖　　籍	中国	最害怕的病	叶斑病、炭疽病、枯姜病

✿ 漂亮花卉种出来 ✿

我们可以通过分株的方法来种植滴水观音。在夏、秋季节，滴水观音的基部常会长出嫩芽，我们可以将母株挖出，把嫩芽分割下来，栽入其他的花盆即可。

✿ 健康花卉养出来 ✿

浇水

滴水观音喜欢湿润的生长环境，我们要经常给它浇水，让土壤保持湿润，还可以用水喷洒叶片。

施肥

滴水观音的生长速度比较快，对肥料的需求也比较大。我们需要每月给它施一次肥，这样能让它长得更茂盛。

光照

滴水观音不喜欢强烈的日光，我们可以将它摆放在办公室半阴凉的地方，让它吸收散射光。

修剪

如果滴水观音出现枯萎的叶片，我们要将它连同茎杆一起剪掉，以免影响其他叶子的健康生长。

花卉功能卡

滴水观音不仅可以吸附灰尘，还能增加空气湿度，为我们营造舒适的办公环境。

滴水观音四季常青、高大清秀，能为办公室注入新鲜活力。另外，它能释放健康的阴离子，清除办公室中的晦气，改善我们的工作环境，有助于提升事业运。

Part 3
四季流光，
缤纷花卉养护有道

一

温暖的春天,让花卉保持活力

开始呼吸
新鲜的室外空气

Part 3 四季流光，缤纷花卉养护有道

　　常言道："一年之计在于春。"在这个万物生长的季节，我们自然不能错过花卉繁殖的好时机。准备好新鲜的土壤、漂亮的花盆，根据花卉自身的特点来选择适宜的繁殖方法吧！播种、扦插、分株、压条……只要保证适宜的温度、水分，新的生命就会健康成长。但是，春季的温度总是让人捉摸不透，如果太早出室，温度偏低，保养了一个冬季的花卉很容易香消玉殒；如果太晚出室，错过了生长的最佳时机，又会影响花卉的正常发育。这可如何是好呢？别担心，下面我们就为大家介绍一个好方法。

　　尽管"春姑娘"早已在人间游玩开来，但是她的"性格"乍暖还寒，使得昼夜温差比较大，即使白天的温度已经达到15℃，我们也不能轻易将花卉搬出室外。只有当白天的温度能够保持在15～20℃之间、晚上的温度保持在15℃以上时，我们才可以将花卉搬出去，让它们呼吸新鲜的室外空气。一般来说，到了4月中旬的时候就可以让花卉出室了。

　　不过在花卉出室之前，我们还要让它们先热一下身，以免花卉无法适应"春姑娘"的"脾性"而受到伤害。如果决定要让花卉出室了，我们最好提前10天左右的时间，挑选阳光明媚的中午时分，把窗户打开通风，让室外的新鲜空气融入室内，使花卉逐步适应室外的温度。此外，我们也可以挑选比较温暖的时间段，如上午9点到下午3点之间，将花卉搬到室外享受一下"日光浴"，让它慢慢适应春天的温度，其他时间段则要搬回室内。

　　我们要将出室的花卉看做刚刚学步的幼儿，不要给它施加太大的压力，而要保持耐心，让它一点点适应春天。另外，我们还可以根据花卉自身的特点，先将比较耐寒的花卉移出室外，等温度升高一些时，再把不耐寒的花卉搬出去。当然，要是"春姑娘"忽然"变脸"，我们一定要及时将花卉搬回室内哦！

保持活力
需要恰当的水肥管理

经过一个冬天的休眠，花卉早已"饥肠辘辘"，可是还要发新芽、长新叶，真是心有余而力不足啊！这时，我们就要为它们提供恰当的水肥管理了！有的人想：花卉一冬天没有好好"吃饭"，赶快给它"大补"一下吧！于是不管三七二十一就给花卉施好多肥，结果好端端的花苗还没呼吸到春天的新鲜空气就香消玉殒了。在这里，我们一定要提醒大家注意：千万不要给花卉施太多的肥，也不要施生肥，这样很容易将花卉"烧死"。那么，我们应该怎么施肥呢？基本原则就是"薄肥少施，循序渐进"。

春季，花卉正处于萌发状态，对肥料比较敏感。刚开始施肥，肥量要少，次数不要太频繁，一般半月左右施一次就可以。随着花卉的成长和天气的变化，再逐渐增加肥量或施肥次数。不过有些特殊情况是不能施肥的，比如刚上盆、翻盆的小花苗，生病的花卉，等等。如果给它们施肥，很容易引起肥害，不利于花卉健康成长。

为了避免肥害发生，我们还要注意一些细节。施肥前两天最好不要浇水，让土壤保持略干状态就可以，这样有助于花卉吸收养分；施肥之前先将土壤松一松，以便肥料能够均匀渗透土壤；施肥时最好选择晴天的傍晚，这时温度较为适宜；在施肥的过程中，我们要绕开花卉的根部，不要将肥料撒在枝叶、根茎等部位。此外，施肥的第二天早上，我们要记得给花卉浇水，这样它就能好好吸收养分了。

浇水的方式也是有讲究的哦！春天天气比较温和，蒸发量小，花卉刚刚苏醒，各项机能还未全部恢复，这时我们要少浇水。如果浇水太多，土壤中的氧气会减少，花卉的根呼吸不畅，很容易发生烂根、落叶等问题，严重的话还会死亡呢！随着气温的逐渐升高，我们要逐渐增加浇水量和浇水次数，以"不干不浇，一次浇透"为原则，及时为花卉补充水分。

浇水的时候，我们最好选择温度适宜的上午，这样有利于花卉吸收水分。每次浇完水后，我们要为花卉松松土，增加土壤的透气性。此外，我们还可以在干燥的天气里用水喷洒花卉的枝叶，这样也能起到补充水分的作用。

及时翻盆
是花繁叶茂的前提

　　不知你是不是有这样的体会：在一成不变的环境中生活久了会产生倦怠情绪，而稍微改变一下房间的布局、装饰等，心情就会雀跃起来。其实，不只人会有这种感觉，花卉也不例外哦！而且表现更强烈呢！在旧花盆、旧土壤中生活太久，花卉的根系会纠结在一起，而且土壤的肥力也会下降，如果我们不及时翻盆，花卉很容易出现落叶、落花等现象，这是它们在大声疾呼：主人，我的生长受到影响了！因此，在春季给花卉翻盆是一件非常必要的事情。

　　那么，我们怎么知道花卉需要翻盆呢？端起花盆，仔细观察底部的排水孔，如果看到有须根伸出来，说明花卉需要翻盆了，这时我们要根据花卉的生长情况选择大小合适的花盆，并为它添加新的土壤。由于许多一二年生的花卉生长速度比较快，所以我们需要经常给它们翻盆，一般来说，在其生长期间需要翻盆2～3次；对于大部分宿根花卉和生长迅速的木本花卉来说，我们要每年给它们翻盆一次；而那些生长速度比较慢的木本花卉和多年生草本花卉则不需要勤翻盆，每隔2～3年翻盆2次即可。

　　有的朋友会抱怨：翻盆的时候土壤和花盆粘得很紧，花卉不容易弄出来。要怎么办才能不伤害花卉的根呢？其实要解决这个麻烦很简单，在翻盆前两天，我们尽量不要给花卉浇水，这样有利于土壤与花盆分离。将花卉取出来后，我们就可以按照前文介绍过的翻盆方法，将旧土去掉，把花卉栽入新盆，并添加新的培养土，把它细心养护起来了。

修剪、预防病虫害不能草草了事

古语有云："玉不琢，不成器。"在养花方面也有一句类似的花谚："花不修，不成艺。"当然，修剪花卉并不只是为了美观，还是为了让花卉长得更好。在春季，我们要从剪枝、剪根、摘心、摘叶等几个方面入手，为花卉做好修剪工作。

早春时节，我们要着重为一年生花卉进行修剪，将枯枝、病枝以及多余的密枝剪掉，并将留下的枝条截断，在基部保留2～3个芽，这样能促进新枝生长；而两年生的花卉则不需要着重修剪，我们只要将它的病枝、枯枝等剪掉就可以了。有的朋友也许会有疑问：哪些花卉需要着重修剪，哪些不需要呢？一般来说，那些生长速度比较快、长势茂盛的花卉是着重修剪的对象，而生长速度较慢、长势稀疏的花卉稍微修剪一下就可以了。

除了修剪枝条，我们还要为花卉摘心、摘叶，尤其是一些草本花卉，为了让它们保持矮壮的株型、能够多开花，我们就要在它们长到一定高度时，把它顶部的嫩枝、嫩叶摘掉。此外，在花卉翻盆的时候，我们还要适当修剪老根、老叶，以便促进新根、新叶生长。总之，在春季为花卉修枝剪叶，就是要让它"焕然一新"，迎接全新的生长季。

拥有好的"精神面貌"还不够，我们还要为花卉消灭潜在的威胁——病虫害。随着气温的不断升高，白粉病、立枯病、蚜虫、红蜘蛛等病虫害也蠢蠢欲动，稍微不注意，它们就会将美丽的花卉折磨得"惨不忍睹"，因此，我们要在春季时做好预防工作。

这时我们不需要喷洒强效的化学药剂，只要采取一些天然的防治措施就可以。比如制作大蒜水，方法很简单，准备200克左右的大蒜，把它捣碎，与水按照1∶20的比例调成汁，用来喷洒花卉的枝叶即可。这种方法能防治蚜虫、红蜘蛛、白粉病、立枯病等病虫害。此外，我们也可以调制烟叶水，将50克左右的烟叶放入1500毫升清水中浸泡24小时，然后把烟叶过滤掉，在烟叶水中加一些洗衣粉，搅拌均匀就可以用来防治粉虱、蓟马等害虫了。

总体来说，春季的病虫害比较少，我们只要管理好花卉的水肥，让它适时出室，就可以避免病虫害的侵扰。

二

热情的夏天，
跟上花卉
的步伐

烈日、高温，防护工作不能少

夏季，花卉最怕的就是炎炎烈日了。虽说阳光是花卉生长不可缺少的条件，但是过于强烈就会影响花卉的生长。尤其对于喜阴的花卉来说，烈日无异于"灭顶之灾"。因此，我们一定要为花卉做好防晒工作。

由于喜阴花卉最阳光最敏感，所以我们要将它们摆放在荫蔽、通风的地方，比如朝北的阳台或房间窗台，让它们接受散射光的照射即可；对于半阴性花卉来说，我们可以将它们摆放在朝东的阳台或房间内，这样它们既可以享受到上午舒适的"日光浴"，还可以避开中午和下午的烈日；如果是喜阳的花卉，我们也不能放任它们在烈日下"烧烤"，要及时将它们搬入阴凉的地方，避开强烈的日照。我们也可以用竹帘给它们搭建一个简易的凉棚，把它们摆放在凉棚下，这样也能避免强光照射，等阳光不那么强烈后，将竹帘去掉即可。

如果发现花卉有枯黄的迹象，我们要立刻将它们放在阴凉、通风的地方养护，直到它们恢复正常为止。

除了毒日头，高温也是威胁花卉正常生长的"敌人"。对于大多数花卉来说，15~25℃的温度更有利于生长，一旦温度达到30℃以上，花卉很容易出现"中暑"现象。这时花卉常会出现叶片灼伤、花期缩短等现象，严重的话还会枯萎死亡。那么，我们该怎么解决这一问题呢？方法就是增湿降温。

在家里，我们可以通过以下这些方法来增加空气湿度。

喷水	除了按照正常的养护方法给花卉浇水外，我们还可以用小喷壶为花卉的叶面喷水，这样一方面能及时为花卉补水，另一方面可以增加空气湿度，起到降温的作用。
摆水	所谓"摆水"，就是将盛有冷水的脸盆摆放在花卉生长的地方，在脸盆上放一块木板，然后将花卉放在上面。这样可以借助盆中的水分蒸发来增加空气湿度，达到降温的目的。
铺沙	这一方法更适合在阳台上使用。先在阳台地板上铺一层厚厚的粗沙，用水打湿，然后把花卉摆放在上面。水分蒸发可以起到增湿降温的作用。如果沙子变干，我们要及时往上面洒水。

吹风	采用这一方法，我们也会享受到降温的惬意，因为这一方法会借助到电风扇。把花卉摆放在散射光充足的地方，在叶片上喷一些水，然后放在电风扇下吹风降温。需要注意的是，花卉不要离电风扇太近。

除了增加空气湿度，我们还要为花卉营造通风的生长环境，因为通畅的空气也有利于降温。

适宜的水肥才能满足生长需求

每当夏季来临，水的"人气"就会变得愈发旺盛，其实它的"花气"也很高呢！这时，花卉的蒸发量大，对水的需求量也随之增多。但是，这并不代表我们可以毫无节制地为花卉浇水。那么，如何做才能既满足花卉的需求，又不会产生负面影响呢？这就需要我们"因花而异"。通常情况下，草本花卉的蒸发强度比较大，我们要为它们多浇水；木本花卉蒸发量相对少一些，浇水量也可以适当减少。

对于大多数花卉来说，我们在浇水的时候要一次性浇透，这样才能避免花卉在炎热的午后因为缺水而萎蔫。如果长期浇"半截水"，花卉会经常性缺水，从而导致叶片发黄，严重的话还容易死亡。此外，不要用大水猛灌，因为夏季温度很高，花盆积水容易引起烂根现象，还会引发病虫害，不利于花卉正常生长。

给花卉浇水，我们要挑选凉爽的清晨和傍晚。千万不可以在炎热的中午浇水，因为这时土壤温度很高，花卉正处于旺盛的蒸发状态，一旦遇到冷水，会扰乱花卉的生理机能，不仅无法吸收水分，反而还会出现叶片枯萎、落花甚至死亡等现象。

除了对水的需求量比较高，花卉对肥的要求也很严格。夏季是许多花卉生长的旺季，我们要严格控制肥量和施肥次数，以"薄肥勤施"为基本原则，大约每隔半月给花卉施一次肥即可。千万不要过量施肥，以免高温引起肥害。

同浇水一样，施肥也要选择适宜的时间。最佳的施肥时间是在晴天的傍晚，土壤比较干燥的时候，这时温度适宜，有利于花卉吸收养分。

施肥第二天，千万不要忘记为花卉松土、浇水哦！这样才能促进养分吸收，让花卉保持良好的生长状态。

遏制徒长之势，安全度过休眠期

"徒长"是许多花卉在夏季最常出现的问题，它导致的结果就是花卉"身材走样"、影响开花结果。要解决这一问题，我们就要从修剪入手，为花卉创造良好的生长状态。那么，具体应该怎么做呢？下面我们就为大家详细说明。

摘心，这是遏制花卉徒长最常用的方法。如果发现花卉的"个头"不停向上蹿，而两边的侧枝一副"营养不良"的状态，我们就要及时摘掉顶端的枝叶。这样不仅可以促进侧枝的生长，还有利于开花呢！

摘芽、摘叶，这一方法有助于节省养分。做法很简单，如果发现花茎的基部或分枝上长出多余的腋芽，我们要及时摘掉，这样花卉徒长的势头就会减弱，主干就会长得更加壮实。另外，黄叶、病叶、老叶等都是我们摘除的对象，及时将它们清理干净，既能保持花卉美观的外形，还能促进新叶生长。

此外，疏蕾也是遏制徒长的方法之一。一旦发现花蕾长得太密，我们就要及时将多余的花蕾摘掉，这样可以减少养分消耗，为花卉开花打下坚实的基础。

与徒长正好相反，有些花卉到了夏季就会进入休眠期，这时我们就要做好细心养护，让它们安全度过炎热的季节。

遮阳通风	进入休眠期后，花卉自身的抵抗力会降低。这时我们要将它们摆放在通风的地方，还要做好遮阳措施，为它们营造舒适的休眠环境。
适当浇水	休眠期间，花卉的生理活动减弱，这时不需要频繁浇水，但是也不能长期干旱，只要保持土壤略湿就可以。此外，我们可以向叶子或周围的空气中喷水，这样也能起到补水的作用。
停止施肥	进入休眠期，花卉消耗的养分就会减少，这时我们要停止施肥。千万不要给它大量施肥，这样会引起肥害，还会导致花卉死亡。

无论是生长旺盛的花卉，还是进入休眠期的花卉，只要我们做好养护措施，它们都可以平平安安地度过炎热的夏季，健康地迎接秋季的到来。

做好病虫害的防护措施

如果要问什么季节病虫害最多？那么一定非夏季莫属了。这个季节温度高、湿度大，正是害虫猖狂、疾病肆虐的时候。为了保证花卉的健康，我们就要及时做好防护措施。

在夏季，花卉经常会受到白粉病、炭疽病、灰霉病、线虫、介壳虫等病虫害的侵扰，如果病虫害现象严重，我们就要借助药剂的力量了，比如多菌灵、氧化乐果、敌敌畏等。在使用这些药剂的时候，我们一定要严格按照说明书来做，以便药性能够充分发挥。当然，每次喷完药后一定要认真清洗双手，以防毒从口入。

除了这些化学药品，我们还可以自己制作一些"天然药剂"。虽然它们的效果没有化学药品那么立竿见影，不过长期使用也会展现出超强的"杀伤力"！下面我们就给大家介绍几种效果不错的"天然药剂"。

牛奶水 在牛奶中加适量水和面粉，搅拌均匀后过滤一下就可以使用了。每天用它喷洒一次花卉，能够有效杀死粉虱、蚜虫等害虫。

洗涤剂水 在清水中加适量洗涤剂，搅拌均匀后喷洒叶片，能够消灭白蝇、介壳虫等害虫。这种"药剂"不需要天天喷，每隔一周喷洒一次就可以。

白醋水 用清水将白醋调成稀释液，用小刷子或海绵蘸取擦拭叶片，能够改善叶斑病、灰霉病等。

尽管夏季的病虫害很多，不过只要我们经常给花卉通风、控制好水肥，就能减少病虫害的发生。在受到病虫害威胁时，我们要认真防治，那么花卉一定会很快恢复健康的！

三 清爽的秋天，改善花卉的状态

温度越来越低，
转入室内

送走了炎炎夏日，我们迎来了凉爽舒适的秋季。虽然初秋的天气正在一点点褪去闷热的"暑气"，但是调皮的"秋老虎"还是喜欢出来"吓唬人"。尤其是在中午时分，强烈的阳光丝毫不逊于夏季灼灼的光照。所以在初秋时，我们依然要做好遮阳措施，不要急着将荫蔽处的花卉搬出来，也不要急着将夏季搭好的凉棚撤掉，以免花卉被强光灼伤而影响正常生长。一般来说，过了9月阳光就开始逐渐收敛锋芒，这时我们就可以让花卉一点点接受"日光浴"，并将凉棚慢慢撤掉。

度过了初秋，天气开始明显转凉，早晚温差逐步拉大，这时我们就要考虑将花卉转入室内了。那么，花卉应该怎样入室呢？通常情况下，不耐寒的热带花卉是我们首先要关注的对象，最好在寒露过后就搬入室内；接着是比较耐寒的花卉，需要在霜降之前陆续入室；最后是耐寒的花卉，在气温降至0℃之前搬入室内。

当然，花卉入室也是有讲究的，我们总不能让花卉灰头土脸地"回家"吧！在搬入室内之前，我们需要将花盆清理一番，并将花卉的枯枝、病叶剪掉，这样可以避免将病虫害带回房间，更有利于花卉生长。

当花卉回到温暖的室内后，我们要根据它们各自的喜好，将它们摆放在恰当的位置。比如喜阴的花卉，阴凉的地方是它们最佳的生长环境；中性花卉可以摆放在半阴凉的地方；而喜阳的花卉自然是要放在阳光充足的地方了。

在这里我们还要注意一个问题，那就是花卉对室内环境的适应性。由于花卉是从温度比较低的室外转移到了温度比较高的室内，所以寒暖交替很容易导致花卉"水土不服"，出现落叶、落花等生长不良的状况。为了避免出现这种情况，我们需要经常通风，让室内与室外的温度保持平衡。当气温越来越低时，逐渐减少通风的时间，尤其是在晚上，要让花卉远离风口，以免冻伤。

控制好水肥的需求量

　　秋天是孕育成熟的季节，对于花卉来说，初秋少了夏日的酷热，而不乏春季的温暖，正是花卉生长的好时节。这时我们需要控制好花卉对水肥的需求量，以便满足其生长需要。如果想让一年只开一次花的花卉茁壮生长、开出又大又好看的花朵，我们就要在它们开花前适当追2～3次磷肥；如果种有一年开数次花的花卉，我们则要保证它们有充足的水肥，以便促进其再次开花。

　　由于"秋老虎"作祟，初秋时天气还略带一些热气，这时除了正常浇水外，我们可以用小喷壶为花卉喷洒一些水分，这样既能除掉外表的尘土，还可以增加空气湿度。需要注意的是，最好不要将水喷在花朵上，以免引起花瓣腐烂，影响花卉生长。

　　在寒露过后，天气会越变越凉，花卉逐渐进入深秋时节。这时，有些花卉开始进入休眠期。因此，我们要严格控制水肥供应，为它们营造适宜的休眠环境。一般来说，此时要逐渐停止施肥，浇水的次数和水量也要相应减少。那么，我们应该如何为花卉浇水呢？"见干见湿"就是我们要遵循的原则。这一时期，花卉的生理活动趋于平缓，对水的要求也逐步降低，我们可以根据花卉需要，每隔2天浇一次水，让盆土保持偏干状态即可，这样可以避免花卉出现徒长、冻伤等问题。

　　此外，在给花卉浇水的时候我们还要注意水温。由于气温降低，水温也会偏低，如果水的温度与室内温度差距太大，很容易影响根系的吸收状态。因此，我们在浇水之前可以先把水在室内静置一段时间，当水温与室温差不多时再给花卉浇水，这样花卉就可舒舒服服地喝上健康的水了。

修剪整形，
让养分保留在体内

我们都知道，动物在冬眠之前会贮藏大量食物或者吃好多食物、把养分保存在体内，以便能够安全度过冬眠期。花卉也不例外，随着秋季气温逐渐降低，许多花卉逐步进入休眠期，虽然这时花卉的生理活动减少，但是依旧会消耗养分，这就需要我们采取必要的措施，让花卉体内保留充足的养分，而修剪整形就是不错的方法。那么，我们应该采取哪些措施呢？下面，我们就一起来看一看吧！

摘心 刚刚进入秋季时，气温还比较温暖，花卉正处于良好的生长状态，会萌发一些嫩枝。这时我们需要将多余的嫩枝条摘除，适当保留一些即可，同时还要及时为留下的嫩枝条摘心。这样能够减少养分的消耗，保证花卉长出健壮的枝干，留足养分来过冬。

疏蕾 花卉在开花的时候会消耗大量养分，这时我们就要及时为花卉疏蕾，将那些长得过于密集、长势较弱的花蕾摘掉，留下长势良好的即可。这样既可以促进花卉开出美丽的花朵，还可以为其休眠期留足养分，一举两得。

修枝 有些花卉一年会开数次花，进入秋季后，我们需要对它们进行适当修枝，这样一方面可以促进开花，另一方面还有利于新枝萌发，让花卉焕发新生。此外，我们还要及时剪除花卉的老枝、枯叶、病叶等，以便使花卉保持美观的外形，减少养分的流失。

有些朋友误认为秋季短暂，花卉生长不会消耗多少养分，因此忽略了修剪的重要性，结果导致花卉在冬季休眠期缺乏营养，影响来年的生长发育。所以，我们千万不能放任花卉在秋季恣意生长，而应该积极行动起来，及时为它们修剪整形，让它们漂漂亮亮、健健康康地度过休眠期。

采种、播种两不误

经历了春季的幼年期、夏季的青年期，花卉终于迎来了秋季的成熟期，这时我们就要做好采收"新希望"的准备了！采种的时候我们最好挑选晴朗的天气，在清晨或傍晚时分采集。将种子从花枝上取下来时要小心，不要损坏花卉的枝叶。

采集下来的种子不要急着播种或贮藏，我们要先将混杂在里面的杂质以及干瘪的种子挑出来，然后将颗粒饱满的种子放在通风、干燥、阴凉的地方晾晒一下，等种子表面的水分自然蒸发后，我们再将它们装入干燥的盒子、袋子等容器中，放在阴凉、干燥、通风的地方保存，一般来说，室温控制在1~3℃之间就可以。有的朋友会将种子放入密封的塑料袋内，这种做法是不可取的。因为密封的塑料袋会使种子缺氧，使种子降低甚至失去发芽的能力。

秋天不仅是采种的好时节，同时还是播种的好时期。有些两年生或多年生的花卉种子不适宜长期贮存，如雏菊、紫罗兰、矮牵牛等，在贮存的过程中，它们的种子很容易失去发芽能力，因此我们要随采随播。

中秋时节就是播种的最佳时机，在种子种下后，我们要将它放在温暖的室内，浇足水分，当小苗长出来后，我们要做好管理工作，为它们营造良好的生长环境。当春季来临之时，再根据花苗的需要上盆，这样我们就拥有一批全新的花卉了！

四

寒冷的冬天，
为花卉
营造温暖

天寒地冻
需要温暖呵护

寒冷的冬季到了，你的花卉过得还好吗？它们有没有因为寒冷的天气而"闹情绪"呢？别担心，只要我们给它们提供温暖的呵护，就可以让它们开开心心地度过漫长的严寒。

说到温暖，阳光自然是当之无愧的首选对象。冬日里的阳光与其他季节有很大不同，它日照时间比较短，而且强度较弱，所以适合许多花卉直接"享用"，我们完全不用担心阳光会灼伤枝叶，就连一些喜阴的花卉也可以直接放在阳光下接受日照。

为了让花卉们更好地享受冬季的"日光浴"，我们还可以在旁边搭把手，每隔一段时间给它们转换一下方向，这样能使温暖的阳光全方位地照射到花卉各个部位，使花卉保持匀称、美观的形态。对于休眠期的花卉来说，温暖的阳光能为花卉补充生长所需养分，提高它们的御寒能力；而对于喜欢在冬季开花的花卉来说，充足的光照有助于促进开花，使花卉更加明艳动人。可以说，阳光是冬季里最受花卉们欢迎的"朋友"。

除了阳光，我们还可以借助生活设施来为花卉提供温暖呵护。在室内养花，我们要为花卉创造适宜的生活环境，一般来说，室温在15～20℃之间时更有利于花卉生长。需要注意的是，不要将花卉摆放在暖气旁、火炉边或者空调下，以免温度过高而将花卉烤伤，影响花卉的正常生长。

如果室温低于5℃，我们就要采取一些简单的保护措施，将花卉好好地呵护起来。比如在花卉上套一只透明的塑料袋，在袋子上凿几个小洞，这样既有利于花卉保温，又不影响花卉呼吸，两全其美。此外，我们也可以采取套盆的方法来为花卉保暖，方法很简单，我们需要准备一只大花盆或者木箱、纸箱，然后把稻草、木屑等保温材料均匀地铺在盆底或箱底，再把花卉放进去，并用保温材料将周围的空隙填满，这样就能起到保温的作用了。如果搭配套袋的方法，那么保温效果更加显著。

需要注意的是，无论我们采取套袋方法，还是采用套盆的方式，在遇到阳光明媚的好天气时都要将花卉搬出来透透气，以免花卉长期生长在憋闷的环境中而出现枯萎、落叶等不良反应，影响正常生长。

通风换气与增湿除尘要两手抓

虽然冬季气候恶劣，但是我们在为花卉营造温暖的生长空间时不能忽略通风换气。有的人不禁要问了：外面的天气那么冷，开窗换气会不会冻伤花卉？其实，只要我们方法得当，就不会对花卉造成危害。相反，如果室内空气流通不畅，花卉很容易"憋出病来"。

那么，如何通风更有利于花卉生长呢？这就需要我们挑选晴朗的天气，在温度比较高的中午时分打开窗户，让花卉呼吸一下新鲜空气。不过，我们要将花卉摆放在远离风口的位置，这样可以避免花卉被突如其来的冷风冻伤。此外，我们还要掌握好通风的时间，一般来说，每次通风1~2小时即可，如果时间太长，花卉很容易受凉。

除了寒冷外，冬季还有一个非常明显的特点，那就是干燥。这种干燥的环境不仅会为人体带来困扰，还会影响花卉的生长，尤其对于喜欢湿润环境的花卉来说，更是痛苦难耐。而且空气干燥还会带来另一个问题，就是灰尘增多。如果长期生活在这种干燥、多尘的氛围中，花卉会因为缺水、气孔堵塞而出现枝叶枯萎、落叶等问题。因此，我们要及时为花卉增湿除尘。

我们在阳光明媚的日子里，可以用小喷壶为花卉的枝叶喷洒水分，这样既能增加空气湿度，还可以洗掉叶面上的灰尘。不过在喷水的过程中，我们要控制好水量，只要将叶面略微打湿即可，不要洒太多水，以免盆土过湿而出现烂根现象。另外，我们也可以用洁净的海绵蘸取清水，轻轻擦拭花卉的叶片，这样也可以使花卉免受干燥、灰尘的困扰。

有些花卉对湿度的要求比较高，而且还很名贵，比如君子兰、山茶花、杜鹃花等，我们还可以采取套袋的方法为它们营造一个舒适的"小气候"，这样不仅能增加空气湿度，还可以减少灰尘的污染，让花卉保持清新的姿态。当然，我们还要在晴朗的天气里摘掉塑料袋，让花卉"透透气"，这样更有利于花卉生长。

无论是采取什么样的方法，我们平时都要养成良好的生活习惯，时刻保持室内环境的卫生，让花卉生活在干净、整洁的空间内。

水肥的需求量要严格控制

冬季来临时，很多花卉进入休眠、半休眠状态，各种生理活动相应减慢，因此对水分、养料的需求量也大大减少。这时我们要停止施肥、减少浇水量和浇水次数，一般来说，如果花盆中的土壤不是很干，我们就不需要浇水。因为如果土壤过湿，很容易引起烂根、落叶等问题，不利于花卉生长。

冬季浇水与其他季节略有不同，平时我们都是选择早晨或傍晚来浇水，而冬季则适宜在中午前后浇水。因为冬季气温偏低，在早晨或傍晚浇水很容易冻伤花卉，所以相比较而言，温暖的中午前后更有利于花卉吸收水分。需要注意的是，我们在浇水前最好将水放在温暖的室内搁置片刻，当水温与室温差不多时再浇花。千万不要直接浇灌冷水，那样很容易冻伤花卉的根系，影响花卉休眠。

当然，如果花卉在冬季依旧生长、开花，我们则可以适当施一些肥料，以便满足其生长需求。但是肥量不宜过多，以免引起肥害。此外，浇水的时候我们也要酌情，大约每隔2～3天浇一次即可，只要土壤保持半干状态就可以。

冬季是个特殊的季节，无论是进入休眠期的花卉，还是出在生长期的花卉，它们的抵抗力都明显下降，稍有不慎就会受到恶劣环境的影响。因此，我们在养护花卉的过程中要格外小心。相信只要我们精心呵护花卉，它们一定可以安全、健康地度过恶劣的冬季，用最佳的姿态迎接下一个美丽的春天！